Christina M. Frey

Ein Spielplatz für Kaninchen

42 Farbfotos
6 Zeichnungen

Inhalt

Vorwort → 4

Wie hält man Kaninchen artgerecht? → 6

Drinnen oder draußen? → 6
Haltung in der Wohnung → 8
Außenhaltung → 27

Kaninchen vergesellschaften → 36

Partnerwahl → 36
Rangordnung → 45
Fühlen sich meine Kaninchen bei mir wohl? → 45

Einrichtungsideen für das Kaninchenheim → 46

Trautes Heim ... → 46
Kuschelvergnügen → 51
Rampen → 53
Buddelkisten → 54
Tunnel → 56
Heuraufen → 62
Kaninchen brauchen Überblick → 66
Sträucher, Kräuter & Co. → 68

Die besten Spielideen gegen Langeweile → 70

Bälle für Feinschmecker → 72
Wer suchet, der findet! → 73
Sich recken und strecken → 76
Knabberspaß → 78
Holzspielzeuge → 79
Einfach und günstig → 80
Spielen Sie doch mit! → 82
Kaninhop → 87

Verzeichnisse → 90

Literatur → 90
Adressen → 90
Internet → 92
Dank → 92
Stichwortregister → 93

Inhalt

Vorwort

Vor zehn Jahren habe ich meine Liebe zu Kaninchen entdeckt und stand zu Beginn auch vor der Frage: Wie schaffe ich meinen Lieblingen ein artgerechtes Zuhause und welche Beschäftigungsmöglichkeiten kann ich ihnen bieten? Meine Erfahrungen haben mir gezeigt, dass man mit etwas Einfallsreichtum und Experimentierfreude auf tolle Einrichtungs- und Beschäftigungsideen kommt, die von den Tieren gerne angenommen werden.

In diesem Buch möchte ich Ihnen verschiedene Haltungsformen vorstellen, wobei es mir jedoch vor allem darum geht, Anregungen zu geben im Hinblick auf eine abwechslungsreiche Gestaltung, die den Zwergkaninchen erlaubt, ihren „Spieltrieb" auszuleben und ständig etwas Neues zu entdecken. Kaninchen spielen zwar nicht im eigentlichen Sinne, wie Hunde oder Katzen, aber mit einigen Tricks, vor allem wenn man sie mit Futter lockt, kann man ihre Bewegungsaktivität steigern, was sich positiv auf ihre Gesundheit und ihr Wohlbefinden auswirkt.

Jedes Kaninchen ist anders und das ist auch gut so. Viele Tiere sind dämmerungs- oder nachtaktiv, wobei man ihre innere Uhr in einem gewissen Rahmen an den Rhythmus des Menschen anpassen kann. Kaninchen sind Fluchttiere und oft sehr scheu; mit viel Zuwendung und Geduld fassen sie aber Vertrauen.

Man kann jedem Kaninchen ein glückliches Leben bereiten, indem man ihm genug Auslauf gibt, mit ihm spricht und es streichelt, immer mal wieder ein Leckerchen parat hat, seine Umgebung attraktiv und abwechslungsreich gestaltet und es vor allem nicht einzeln hält. Kaninchen sind Gruppentiere und fühlen sich alleine einsam. Das alles sind Anforderungen, die für uns leicht zu erfüllen sind, und mit denen wir ohne großen Aufwand viel erreichen können.

In der freien Natur können die Tiere ihren Lebensraum selbst bestimmen, in der Obhut des Menschen liegt es an uns, dem Kaninchen ein artgerechtes Heim zu schaffen – und dass es unseren Lieblingen gut geht, ist doch genau das, was wir wollen.

Weener, Winter 2007
Christina M. Frey

Wie hält man Kaninchen artgerecht?

Es gibt verschiedene Möglichkeiten, Kaninchen zu halten. Die einfachste Variante ist sicherlich ein gekaufter Gitterkäfig. Mit etwas Geschick können Sie aber zum Beispiel aus Holz auch selber einen Käfig bauen und so mehr auf die Ansprüche Ihres Lieblings eingehen.

Wenn Sie Ihre Kaninchen im Käfig oder Stall halten, dann sollten Sie den Tieren täglich Auslauf gewähren – entweder unter Aufsicht oder Sie grenzen ein Terrain mit einfachen Gitterkonstruktionen ab, so dass keine Gefahr besteht, dass die Kaninchen ausbüchsen.

Am schönsten für die Tiere ist die Haltung in einem großflächigen Gehege, in dem eine Hütte Schutz und Rückzugsmöglichkeit bietet, die Tiere aber 24 Stunden am Tag freien Auslauf haben.

Drinnen oder draußen?

Sowohl für die Innen- als auch für die Außenhaltung gibt es Argumente, die jeweils dafür und dagegen sprechen. Für welche Haltungsform man sich entscheidet, hängt von den persönlichen Vorlieben und Möglichkeiten ab. Folgende Aspekte sollten Sie in Ihre Abwägung einbeziehen.

Es wird häufig behauptet, dass Kaninchen, die draußen gehalten werden, weniger zahm und zutraulich wären als Kaninchen, die in der Wohnung gehalten werden. Sicherlich kommt es diesbezüglich weniger auf die Haltungsform an, sondern vielmehr auf Art und Umfang der Zuwendung. Wer sich ein bis zwei Stunden täglich mit seinen Kaninchen beschäftigt, gewinnt auch das Vertrauen der Tiere im Außengehege.

Rechte Seite: Löwenzahn schmeckt allen Kaninchen.

Ein Gitterkäfig sollte keine dauerhafte Unterkunft für Kaninchen sein.

Drinnen oder draußen?

Innen oder außen?

Haltung im Außengehege

- \+ Die Tiere leben in natürlicher Umgebung und erleben den Klimawechsel und den Tag-/Nacht-Rhythmus.
- \+ Kaninchen sind oft gesünder und weniger krankheitsanfällig.
- \+ Für Allergiker eine Möglichkeit, Kaninchen zu halten.
- \+ Im Garten hat man oft mehr Platz als in der Wohnung.
- \+ Die Krallen nutzen sich durch den natürlichen Untergrund und das Mehr an Bewegung besser ab, man muss sie nicht so oft schneiden.
- \+ Wenn das Bodengitter tief genug in den Untergrund eingelassen ist, können die Kaninchen nach Herzenslust graben, was ihrer natürlichen Verhaltensweise entspricht.

- − Eine Beobachtung der Tiere ist meist schwieriger; kranke Tiere bzw. Verhaltensstörungen werden oft später entdeckt als bei der Innenhaltung.
- − Für empfindliche oder chronisch kranke Tiere ist eine nasskalte Witterung nicht gut.
- − Die Pflege der Tiere findet bei jedem Wetter draußen statt.
- − Außengehege sind meist teurer.
- − Das Fell langhaariger Kaninchen wird schnell dreckig und verklebt.

Innenhaltung

- \+ Ermöglicht eine gute und regelmäßige Tierbeobachtung.
- \+ Ein Innengehege ist einfach und recht preisgünstig zu gestalten.
- \+ In der kalten Jahreszeit bequemer für den Halter.
- \+ Man hat seine Kaninchen die ganze Zeit um sich und beschäftigt sich dadurch mehr mit ihnen.

- − Beim Freilauf im Zimmer sollten die Tiere nicht unbeaufsichtigt sein, damit ihnen und Ihren Möbeln kein Schaden entsteht.
- − Für Allergiker ist diese Art der Haltung ungeeignet.
- − Für die Kaninchen steht weniger Platz zur Verfügung.
- − Eventuell sind die Tiere abends aktiv und laut.
- − Sprechen Sie am besten vor der Anschaffung mit Ihrem Vermieter.

Haltung in der Wohnung

Wer keinen Garten hat, aber gerne Kaninchen halten möchte, dem bleibt nur die Möglichkeit der Innenhaltung – entweder in der **Wohnung** oder auf dem **Balkon**. Bei ausreichendem Platzangebot und mit einem Spielgefährten fühlen sich die Kaninchen auch drinnen wohl. Ein Auslauf sowie Naturmaterialien als Einrichtungsgegenstände machen es Ihren Kaninchen gemütlicher.

Als erstes stellt sich die Frage, wo man den Kaninchenstall am besten platziert. Häufig sind es die Kinder, die sich ein süßes Kaninchen wünschen – und für deren Entwicklung ist die Aufgabe, für ein Tier zu sorgen und für dieses die Verantwortung zu tragen, ja außerordentlich förderlich. Das **Kinderzimmer** als Standort für das Kaninchenheim kann aber aus verschiedenen Gründen problematisch sein. Zum einen können die dämmerungsaktiven Tiere die Kinder vom Schlafen abhalten oder sie dazu verleiten, die Kaninchen mit ins Bett zu nehmen, wo sie nicht hingehören. Zum anderen können vor allem jüngere Kinder die Bedürfnisse und Reaktionen der Tiere oft nicht einschätzen. Sie nehmen sie zu häufig und teilweise falsch auf den Arm, gönnen den Tieren nicht die nötige Ruhe, füttern sie unangebracht und verlieren eventuell schnell das Interesse an ihnen. Deshalb sollte die Verantwortung für die Tiere zwar beim Kind liegen, doch sollte die Tierpflege immer unter Aufsicht und mit Hilfe der Erwachsenen erfolgen. Befindet sich das Kaninchenheim im Kinderzimmer, ist diese Kontrolle nicht immer gewährleistet.

Auf dem **Flur** ist der Kaninchenstall meist auch nicht günstig untergebracht. Oft steht er im Weg und häufig herrscht Trubel. Steht auch noch das Telefon im Flur, ist das für die Tiere sehr unangenehm. Vor allem in der Nähe der Haustür kann Zugluft nachteilig wirken.

Die Haltung in der **Küche** ist schon aus hygienischen Gründen kritisch zu betrachten. Des Weiteren reagieren Kaninchen äußerst geruchs- und lärmempfindlich und sind so häufig unnötigem Stress ausgesetzt.

Elektrokabel werden von Kaninchen gern angenagt, was lebensgefährlich werden kann.

Kinder lieben Tiere – aber die alleinige Verantwortung sollten Sie nicht haben.

Bei Nippeltränken ist der Wasserdurchfluss oft unzureichend, die Kopfhaltung beim Trinken ist für ein Kaninchen unnatürlich und die Reinigung ist schwierig.

Im **Elternschlafzimmer** besteht die Gefahr, dass die Tiere von den Kindern oft vergessen werden und nicht genügend Zuwendung bekommen. Außerdem können die Tiere nachts laut sein, scharren oder klopfen, was dem guten Schlaf abträglich ist.

Ein schön gestaltetes Kaninchengehege kann im **Wohnzimmer** ein echter Blickfang sein. Dort stört es meistens nicht und ihm wird häufig Aufmerksamkeit geschenkt. Zu laute Umgebungsgeräusche sollten jedoch vermieden werden – das Gehege sollte nicht direkt neben Fernseher oder Stereoanlage gestellt werden.

Ein **freies Zimmer** in der Wohnung kann auch als Kaninchenzimmer umfunktioniert werden, was den Vorteil hat, dass beide Parteien ungestört sein können und meist auch mehr Platz für ein schönes Gehege zur Verfügung steht. Trotzdem darf man nicht vergessen, sich regelmäßig mit den Tieren zu beschäftigen, damit das Vertrauen und die Zutraulichkeit nicht darunter leiden.

Letzten Endes entscheiden Sie, wie Sie die Kaninchen in Ihre Wohnung und Ihr Leben integrieren wollen, denn genau wie alle Wohnungen und Lebensstile unterschiedlich sind, sind es auch die Lösungen für die Kaninchenhaltung. Wägen Sie ab und denken Sie daran, dass Sie zwar Verantwortung haben den Kaninchen gegenüber, es mit der Fürsorge jedoch auch nicht übertreiben müssen. Sie werden auch bei sich zu Hause eine Lösung finden, mit der alle zufrieden sind.

Hygiene und Reinigung

Kaninchen haben einen recht aktiven Stoffwechsel, weshalb man das **Kaninchenklo täglich reinigen** sollte, um unangenehmen Gerüchen vorzubeugen. Auch die Tiere bevorzugen eine saubere Umgebung. Bei Außenhaltung ziehen solche Kotecken schnell Insekten an, die potenzielle Krankheitsüberträger sind und die Tiere belästigen.

Auch **Futter- und Wassernapf** sollten jeden Tag gereinigt werden; heißes Wasser und eine Bürste genügen hierfür. Sollten Sie doch Spülmittel verwenden, achten Sie darauf, den Napf mit klarem Wasser gut auszuspülen.

Wasserflaschen, wie sie oft in Zoohandlungen angeboten werden, haben einige Nachteile: Neben dem hygienischen Aspekt – sie lassen sich schwer reinigen und Bakterien können sich leicht dort ansiedeln – können sie Streit verursachen, weil immer nur ein Tier trinken kann. Häufig ist der Durchfluss unzureichend, sodass die Tiere ihren Durst nur langsam stillen können. Die Haltung, die die Tiere beim Trinken einnehmen müssen, ist oft unnatürlich, und ist die Flasche undicht, tropft das Wasser auf den Boden und weicht die Einstreu auf – die Tiere sitzen im Nassen.

Das **Gehege** sollten Sie mindestens einmal in der Woche sauber machen, so nisten sich Parasiten gar nicht erst ein. Man braucht es mit der Reinlichkeit jedoch auch nicht zu übertreiben, ein wenig Dreck kann sich auch positiv auf das Immunsystem Ihrer Kaninchen auswirken. Kleine Käfige werden Sie öfter reinigen müssen und auch nasse Streu sollte sofort entfernt werden, weil diese nicht nur unangenehm für die Tiere ist, sondern auch für Ihre Nase.

Das Gehege sollte ausgefegt (Außenhaltung) bzw. gesaugt werden (Innenhaltung). Bodenbeläge wie Laminat (Innenhaltung) und Folie (Außenhaltung) sind gut abwaschbar. Lässt sich hartnäckiger Dreck mit heißem Wasser nicht entfernen, greifen Sie zu Essigwasser. Es ist ratsam, sich einen Lappen und eine Bürste extra für die Reinigung des Kaninchenstalls zu besorgen – und diese ebenfalls regelmäßig zu wechseln.

Stubenreinheit

Stubenreinheit bei Kaninchen heißt weniger, dass die Tiere sich den Vorgaben des Menschen anpassen, sondern vielmehr, dass der Mensch sich die Eigenschaften der Tiere zunutze macht beziehungsweise berücksichtigt, um unangenehme Gerüche in der Wohnung zu vermeiden. Kaninchen suchen sich oft eine Kotstelle, die sie dann auch regelmäßig benutzen. An dieser von den Tieren gewählten Stelle kann man ein Eckklo oder ein Katzenklo platzieren und sollte es täglich reinigen. Kaninchen setzen Kot oder Urin bevorzugt auf Streu ab, weshalb dieses nur in die Kloecke gestreut werden sollte. Da auch Heu gerne zur Toilette umfunk-

---

Wenn doch mal was daneben geht ...

Sollte doch mal Urin auf Ihren Teppich geraten, hilft Ihnen Essig, um die Stelle wieder zu reinigen. Träufeln Sie davon einige Tropfen auf den Urinfleck. Schrubben Sie die verunreinigte Stelle gründlich und wischen Sie dann den durch den Essig gelösten Urin ab.

> **Leckerlis**
>
> Verfüttern Sie Ihren Kaninchen lieber einen Stängel Petersilie oder etwas Karottenkraut als Leckerli. Das mögen alle Kaninchen gerne und gesund ist es auch.

tioniert wird, ist es besser, das Futter in Raufen anzubieten.

Bei Freilauf in der Wohnung neigen Kaninchen dazu, meist mit Kötteln ihre Umgebung zu markieren. Dies ist ein natürliches Verhalten und Bestrafung ist hier fehl am Platz. Manche Tiere lassen sich in gewissem Maße konditionieren, wenn Sie sie bei einem gewünschten Verhalten (wie das Koten im Eckklo) belohnen – beispielsweise durch streicheln, loben oder ein Leckerli.

Sollen die Tiere von einem Käfig in ein Gehege umgestallt werden, empfiehlt es sich, den Käfig, oder nur dessen Wanne im Gehege zu integrieren, da die Tiere die Wanne dann weiter als Toilette benutzen können und Sie diese leicht herausnehmen und reinigen können.

Häufig kann man beobachten, dass Kaninchen **mit Urin spritzen**. Allerdings zeigen nicht alle Kaninchen dieses Verhalten. Bei Weibchen liegt dies oft in ihrem ausgeprägten Revierverhalten begründet, wobei sie ihre Umgebung mit den Kinndrüsen und mit Urin markieren. Es kann sich bei ihnen aber auch um eine Abwehrreaktion handeln, wenn sie beispielsweise vom Rammler (oder auch von einem anderen Weibchen) bedrängt werden. Ein Pärchen zu halten – Weibchen und Kastrat – ist daher vorteilhaft. Beobachten Sie das Urinspritzen bei einem Rammler, so ist dies meist ein Hinweis auf seinen Eintritt in die Geschlechtsreife. Ein männliches Kaninchen sollte im Alter von drei Monaten nach dem Hodenabstieg kastriert werden. Erfolgt die Kastration zu spät, kann es passieren, dass der Kastrat dieses Verhalten nicht mehr ablegt.

Der Kaninchenkäfig

Kaninchen sind sehr lauffreudig und können mit ihren langen Beinen große Sprünge machen. Aus diesem Grund sollte bei der Auswahl des Käfigs gelten:
Je größer, desto besser. Die Größenordnung von 2 m^2 je Tier sollte daher nicht unterschritten werden. Soll ein Käfig allerdings nur als Krankenstation dienen, zum Beispiel nach der Kastration, kann die Fläche auch etwas geringer sein.

Dass die Maße des Kaninchenkäfigs eher großzügig bemessen sein sollten, hat wesentlich mit der Gesundheit Ihrer Lieblinge zu tun. Zu kleine Käfige:
- führen zu Bewegungsmangel und somit zur Verfettung,
- lassen die Muskulatur verkümmern, die Kaninchen werden schwach und bekommen Haltungsfehler,
- können Aggressionen gegenüber Menschen und Artgenossen auslösen,

> **Käfiggrößen**
>
> Je größer das Zuhause der Kaninchen ist, um so wohler fühlen sie sich. Zwei Kaninchen sollten mindestens 4 m^2 zur Verfügung haben.

Eine Unterschale als Kaninchentoilette wird von den Tieren gerne angenommen – zumal sie es lieben, die Einstreu rauszuscharren.

→ führen schnell zu Streit, wobei das schwächere Tier in die Ecke gedrängt und unter Umständen schwer verletzt werden kann, was wiederum häufige Tierarztbesuche zur Folge hat,
→ verursachen Verhaltensstörungen. Beispielsweise beginnen manche Kaninchen damit, wie verrückt auf dem Boden zu scharren, oder sie klopfen oder nagen an den Gittern,
→ aus dem Handel kosten mehr als größere selbstgebaute Ausläufe und Käfige,
→ lassen sich kaum einrichten, da alles Inventar im Weg steht und den Platz noch weiter schrumpfen lässt.

Ein Kaninchenkäfig sollte übrigens keine Gitterstäbe haben, die mit Plastik überzogen sind. Kaninchen zählen zoologisch zwar nicht zu den Nagetieren, sondern zu den Hasenartigen, das hält sie aber nicht vom Nagen ab. Die Plastiksplitter, die in den Magen gelangen, können das Wohlbefinden der Tiere beeinträchtigen, außerdem sehen abgenagte Gitterstäbe bald auch nicht mehr schön aus.

Das Dach des Käfigs sollte mit einer Öffnung versehen sein, durch die man die Kaninchen gut erreichen und leicht herausnehmen kann. Zwar hat dies einen Greifvogeleffekt, aber Sie können die Tiere durch vorheriges streicheln, füttern und reden auf den Kontakt vorbereiten. Ein offener Käfigdeckel erleichtert außerdem die Reinigung und Einrichtung des Innenraumes, da einige Häuschen nicht durch die kleine Vorderklappe passen.

Eine Plastikhaube ist als Käfigaufsatz ungeeignet. Diese sind meist sehr niedrig und führen durch den geringen Luftaustausch zu einem schlechten Käfigklima.

Stellen Sie den Käfig mit Inventar nicht zu voll, da ausreichend Platz zum Hoppeln wichtiger ist als schöne Einrichtungsgegenstände. Ein Häuschen als Rückzugsmöglichkeit und zwei Näpfe – dann ist es meist schon eng genug. Ein Zwischenbrett an der Seite kann als Unterschlupf und Etage dienen. Ihre Ideen im Hinblick auf Einrichtungs- und Beschäftigungsmöglichkeiten können Sie dafür beim Bau des Auslaufes verwirklichen.

Eine Alternative, um mehr Platz zu schaffen, sind **Doppelkäfige.** Der Fachhandel bietet Doppelkäfige mit zwei Etagen an. Mit etwas handwerklichem Geschick können Sie einen Doppelkäfig auch selbst herstellen, wenn Sie bereits zwei kleine Käfige besitzen. Achten Sie dabei darauf, dass der Winkel der Treppe, die die beiden Ebenen miteinander verbindet, nicht zu steil ist und integrieren Sie eventuell ein Zwischenbrett.

Haben Sie ausreichend Platz zur Verfügung, dann bietet es sich an, zwei Käfige durch ein zwischengeschaltetes Gittergehege miteinander zu verbinden. Die Kaninchen beim Hoppeln und Hakenschlagen zu beobachten – wenn sie die Möglichkeit dazu haben – macht nämlich viel Freude.

Ebenfalls im Handel erhältlich sind **Holzkäfige**, die in vielen Fällen eigentlich für die Außenhaltung gedacht sind. Für die Außenhaltung eignen sich diese Konstruktionen meist weniger, da sie den Kaninchen kaum Platz bieten, um sich warm zu laufen, wenig witterungsbeständig sind und der Draht häufig nicht den qualitativen Anforderungen entspricht.

Wenn Sie Ihren Kaninchen ein tolles individuelles Zuhause schaffen möchten, aber keine Zeit, Geduld oder Muße haben, das Kleintierparadies selbst zu bauen, bieten

Futter- oder Wassernäpfe aus Ton sind stabil und die Kaninchen können gemeinsam fressen.

Frisches Gras, Löwenzahn, Obst und Gemüse fressen Kaninchen am liebsten.

im Internet viele Fachleute ihr Können an und bauen Ihnen Ihren Traumkäfig.

Die Einrichtung des Käfigs
Im Käfig sollte sich als Grundausstattung befinden:
- ein Wasser- und ein Futternapf,
- ein Unterschlupf,
- eine Heuraufe,
- Einstreu.

„Das ist wenig", werden Sie vielleicht denken. Aber mehr ist in einem Käfig nicht notwendig und weitere Einrichtungsgegenstände beschränken Ihre Kaninchen nur in ihrem Bewegungsdrang.

Wie bereits erwähnt, haben **Wassernäpfe** gegenüber Nippeltränken einige Vorteile. Der Napf sollte möglichst schwer sein und sicher stehen, damit die Tiere ihn nicht umstoßen können; hierfür eignen sich besonders Ton- oder Keramikgefäße. Wenn der Napf etwas erhöht steht, wird das Wasser nicht so leicht durch Einstreu verunreinigt.

Als **Unterschlupf** kann ein Häuschen oder ein einfaches Brett dienen, welches zugleich eine weitere Etage bildet. Häuser nehmen natürlich mehr Platz in Anspruch. Auch eine Korkröhre eignet sich als Rückzugsmöglichkeit. Ist der Käfig Teil eines Geheges, bietet es sich an, Einrichtungsgegenstände sowie Wasser- und Futterstelle in das Gehege zu verlagern, sodass die Kaninchen ihr Häuschen als Ruhe- oder Kotplatz nutzen können.

Welche Einstreu ist die richtige?

Holzspäne

- \+ Meist die preisgünstigste Variante, wenn man große Säcke für Pferde kauft.
- \+ Saugfähig.
- \+ Angenehmer Geruch.
- − Kann zum Teil sehr staubig sein, was ungünstig für die Atemwege der Kaninchen ist.
- − Bei kleinen Packungen aus dem Handel muss man die Späne erst zerbröseln, was sehr zeitaufwändig und teilweise staubig sein kann.
- − Bleiben an den Pfötchen und bei langhaarigen Rassen im Fell hängen.

Leinstreu

- \+ Staubt kaum bis gar nicht.
- \+ Weiche Konsistenz.
- \+ Für Allergiker geeignet.
- \+ Kompostierbar.
- − Saugfähigkeit teilweise unbefriedigend.
- − Fliegt leicht durch die Gegend.

Maisstreu

- \+ Staubarm.
- − Die Streu ist eher hart.

Baumwollstreu

- \+ Staubt kaum bis gar nicht.
- \+ Weiche Konsistenz.
- \+ Für Allergiker geeignet.
- − Kaninchen nehmen unter Umständen zu viel davon auf, weshalb diese Variante von einigen Haltern abgelehnt wird.

Hanfstreu

- \+ Geruchsneutral.
- \+ Weiche Konsistenz.
- \+ Staubt kaum bis gar nicht.
- \+ Für Allergiker geeignet.
- \+ Kompostierbar.
- − Hanfstreu ist teuer und nicht immer ganz einfach zu beschaffen.

Holzpellets

- \+ Saugfähig, geruchbindend.
- \+ Kompostierbar.
- − Holzpellets sind als Einstreu für die Kaninchen recht hart und unbequem.

Strohpellets

- \+ Geruchbindend.
- \+ Gute Saugfähigkeit.
- \+ Kompostierbar.
- − Zum Teil recht teuer.
- − Laut, wenn die Kaninchen darin buddeln.

Sand

- \+ Kaninchen können gut darin buddeln.
- − Häufiger Wechsel nötig, schwer.
- − Fängt leicht an zu riechen.

Welche Einstreu ist die richtige?

Sand

+ Kaninchen können gut darin buddeln.
− Häufiger Wechsel nötig, schwer.
− Fängt leicht an zu riechen.

Handtücher

+ Keine Verschmutzung.
+ Geeignet nach einer Operation, zum Beispiel Kastration.
− Häufiger Wechsel nötig.
− Werden von den Tieren herumgeschoben und angenagt.
− Entwickeln schnell einen unangenehmen Geruch.

Zeitungspapier

+ Günstig.
+ Nach einer Operation geeignet.
− Wenig saugfähig.
− Wird von den Tieren zerrissen und fliegt durch den Käfig.
− Geruchsentwicklung.

Das **Heu** sollte aus hygienischen Gründen in einer **Raufe** angeboten werden; liegt das Heu auf dem Boden, wird es gern als Kuschelplatz oder als Toilette genutzt. Für Gitterkäfige bietet der Handel Heuraufen an, die außen am Käfig befestigt werden und so wenig Platz beanspruchen.

Der **Vitamin- und Mineralstoffbedarf der Tiere** wird bei einer ausgewogenen Ernährung mit Heu, frischem Gras und Kräutern gedeckt. Im Dickdarm der Kaninchen werden durch Bakterien Vitamine gebildet, die sie durch die Aufnahme des Blinddarmkotes ihrem Organismus zuführen. Wird Heu zur freien Aufnahme angeboten, ist auch der Zahnabrieb gewährleistet.

Salzlecksteine, Mineralsteine oder Kalksteine sind unter diesen Bedingungen daher eigentlich vollkommen überflüssig. Außerdem können Salzlecksteine bei einer übermäßigen Aufnahme bei Kaninchen zu Nierenstörungen führen.

Welche Einstreu?

Die Auswahl an mehr oder weniger geeigneten Einstreumaterialien ist groß. Da die Vorlieben unterschiedlich sind, finden Sie in der Tabelle die Vor- und Nachteile der verschiedenen Einstreumöglichkeiten.

Von der Verwendung von **Katzenstreu** ist abzuraten, da die entstehenden Klumpen von den Kaninchen aufgenommen werden und zu schlimmen Verstopfungen führen können. Außerdem wird Katzenstreu häufig chemisch behandelt.

Möchten Sie **Holzspäne** verwenden, sollten diese speziell für die Käfigeinstreu hergestellt sein. Späne vom Schreiner enthalten zu viel Staub und sind unter Umständen schadstoffhaltig.

Als erste Schicht können Zeitungen verlegt werden, die später das Reinigen des Käfigs erleichtern. Streuen Sie nun eine Schicht mit Einstreu aus und geben Sie über die Streu ausreichend Stroh; damit schaffen Sie Ihren Kaninchen eine kuschelige und warme Umgebung und zugleich leitet das Stroh abgesetzten Kot und Urin in die Streu, sodass die Oberfläche weitgehend trocken bleibt.

Bodenbeläge

Die Exkremente der Kaninchen können den Käfig- oder Gehegeboden sehr in Mitleidenschaft ziehen, weshalb Sie einige Vorkehrungen treffen sollten. Damit der Boden keinen Schaden durch abgesetzten Urin oder Kot nimmt, können Sie als Unterlage im Kaninchengehege **PVC-freie Teichfolie** auslegen, wobei die Folienenden knabbersicher verlegt sein müssen, damit die Tiere das schädliche Plastik nicht anknabbern.

Sind Ihre Kaninchen stubenrein, können sie auch auf Laminat gehalten werden. Die meisten Tiere gewöhnen sich schnell an den rutschigen Untergrund und laufen problemlos auf ihm. Damit Ihr Kaninchen lernt, mit dem Boden klarzukommen, können Sie ganz- oder teilflächig verschiedene, trittsichere Materialien auslegen:

→ **Teppichboden** eignet sich gut und schafft den Kaninchen ein gemütliches Heim; Reststücke sind in Teppichhandlungen günstig zu beschaffen.

→ **Fliesen** sind eine Alternative, wobei Sie auf eine raue Oberfläche achten sollten. Fliesen lassen sich leicht reinigen, doch es muss vermieden werden, dass Urin oder andere Flüssigkeiten sich unter den Fliesen sammeln und zu Schimmelbildung führen.

→ **Kork** eignet sich nicht als Bodenbelag für einen Kaninchenkäfig. Das Material ist teuer und hält den aggressiven Exkrementen nicht stand.

Ebenso unpraktisch sind **Decken,** da diese von den Tieren gerne als Toilette genutzt werden, sich vollsaugen und zu riechen beginnen.

Um in einem Kaninchengehege mit einem praktischen, jedoch reizarmen Bodenbelag für Abwechslung zu sorgen, können Sie zum Beispiel Schuhkisten, deren Randhöhe Sie auf 5 bis 10 cm reduziert haben, aufstellen. Diese füllen Sie dann mit verschiedenen Materialien, die die Tiere zum Buddeln und Spielen anregen – wie Sand, Erde, Rindenmulch, Steine, Stroh, Heu oder anderes Einstreu. Auch alte Käfigunterschalen lassen sich hier praktisch verwenden.

Der richtige Platz für den Käfig

Eine Seite des Kaninchenkäfigs sollte **an einer Zimmerwand** stehen. Wird der Käfig in den Auslauf integriert, sollte er nicht frei in der Mitte platziert werden, da die Kaninchen den Raum dann nicht einsehen können, was bei ihnen Stress auslösen kann. Außerdem kann das „Hindernis" beim Rennen und Hakenschlagen im Auslauf stören.

Auf keinen Fall darf der Käfig **vor einer Heizung** aufgestellt werden, da die Tiere zu hohe Temperaturen nicht mögen und auch die Luft in diesem Bereich zu trocken sein kann.

Ebenfalls sollte er **nicht unter dem Fenster** stehen, um Zugluft zu vermeiden, und auch **nicht direkt neben einer Tür,** da der Durchgangsverkehr die Kaninchen erschrecken kann und sie nicht genug Ruhe finden.

Der **Boden,** auf dem der Käfig steht, darf **nicht zu kühl** sein (Fliesen), damit die Tiere sich nicht erkälten oder Blasenentzündungen bekommen. Um es den Kaninchen trotzdem kuschelig zu machen, können Sie einen Schlafkäfig aufstellen, in den sich die Tiere zurückziehen können und der ausreichend mit wärmendem Stroh ausgestreut ist. Auch ein Kuschelbett oder eine Hängematte tun hier ihre Dienste. Und im Hinblick auf die Rutschfestigkeit des Bodenbelages empfiehlt es sich, Teppichstücke im Kaninchenheim auszulegen.

Regalsysteme

Regalsysteme lassen sich leicht in ein Kaninchenparadies verwandeln. Schon ein einfaches Regal aus unbehandeltem Holz mit mehreren Etagen bietet Ihren Lieblingen ausreichend Platz auf einer geringen Fläche. Die Regalhöhe sollte mindestens 40 cm betragen.

Die einzelnen Etagen werden durch Rampen miteinander verbunden, wobei der Winkel nicht zu steil sein darf. Anstelle von Rampen erreichen die Tiere auch über Sitzteller die nächste Etage.

Die Türen sollte mit einem Drahtgitter bezogen werden, um einen ausreichenden Luftaustausch zu gewährleisten.

Leisten an den Vorderkanten der Regalböden, etwa 5 bis 10 cm hoch, verhindern, dass die Streu herausgeworfen wird.

Jede Etage sollte durch eine oder mehrere Türen zugänglich sein, um Ihnen den Tierkontakt und die Reinigung zu erleichtern.

Den Boden können Sie mit einer Teichfolie bespannen, um das Holz zu schützen. Die Folien-Enden sollte dabei gut befestigt werden, eventuell auch mithilfe einer Abschlussleiste, damit die Tiere nicht daran herumknabbern.

An die unterste Etage kann auch noch ein kleiner Auslauf angebaut werden.

Eine selbstgebaute Maisonette-Wohnung über drei Etagen. Die oberste Etage eignet sich auch zur Aufbewahrung von Heu oder Stroh.

Der Auslauf

Dass Gitterkäfige viel zu klein sind und nicht den Bedürfnissen von Kaninchen entsprechen, ist den meisten Haltern bewusst. Leider werden sie immer noch häufig als ganztägige Unterbringung eingesetzt. Verkäufer weisen selten auf den Platzbedarf eines Kaninchens hin und schon kommt es zu Beschwerden und Fragen: Warum beißen die Kaninchen? Antwort: Weil sie ihr zu kleines Revier verteidigen. Warum werden sie so dick? Antwort: Weil sie, wie Menschen auch, ohne Bewegung auch kein Fett verbrennen.

Kaninchen laufen nicht, sie springen. In einem handelsüblichen Käfig kommen sie nicht weit, ohne sofort mit der Nase an eine Käfigwand zu stoßen. Haben Sie schon einmal Kaninchen beobachtet, die die Möglichkeit haben, ihrem Bewegungsbedürfnis nachzukommen? Oder haben Sie schon einmal gesehen, wie sie

Hoppeln nach Herzenslust: Kaninchen benötigen ausreichend Platz, um ihren Bewegungsdrang ausleben zu können.

herumrennen und Luftsprünge machen? Kaninchen können sich in einem kleinen Gitterkäfig ohne einen Auslauf einfach nicht wohlfühlen. Bitte achten Sie darauf, dass Sie Ihrem Kaninchen immer genug Auslauf verschaffen.

Schon ein kleiner Auslauf, der gut an den Käfig angeschlossen werden kann, oder ein paar Stunden Freilauf, schenken Ihren Kaninchen mehr Lebensfreude. Sie können sich bewegen, sind dann oft gesünder und leben auch länger.

Denken Sie daran: Je größer ein Käfig mit Auslauf ist, desto besser. Auch in etwas kleineren Wohnungen lassen sich 2 m² pro Tier leicht durch einen Doppelstockstall und einen Vorauslauf realisieren. Selbst gebaute Ställe sind individuell, sehen gut aus und sind meist kostengünstiger. Sie brauchen dafür nur etwas Fantasie und handwerkliches Geschick.

Stundenweiser Freilauf

Wenn Sie einen geschlossenen Stall oder Käfig besitzen, dann brauchen Ihre Kaninchen unbedingt regelmäßigen Auslauf, denn besonders die Käfige sind viel zu klein.

Kaninchen sind dämmerungsaktiv und wollen besonders abends und nachts Platz zum Laufen und Springen haben. Bekommen die Tiere nur tagsüber Auslauf, werden sie ihre Energie nicht los, weil sie ihre aktivste Zeit in einem Käfig oder Stall verbringen. Ihren Unmut machen manche mit lautem Klopfen oder durch Nagen am Gitter deutlich.

Besteht, meist aus Platzgründen, nicht die Möglichkeit, sich ein Gehege anzuschaffen, sollten die Tiere häufiger die Gelegenheit zum Freilauf haben. Die Zeit mit Freilauf sollte so lange wie möglich sein; 2 von 24 Stunden des Tages sind nicht allzu viel.

Das größte Problem entsteht meist, wenn Sie in den Urlaub fahren. Oft ist schnell jemand gefunden, der sich bereit erklärt, die Tiere zu füttern und gegebenenfalls auch ein- oder zweimal den Käfig zu reinigen, aber selten hat die Urlaubsvertretung Zeit, ihre Kaninchen rauszulassen und für ein paar Stunden zu beaufsichtigen. Am besten klären Sie vorher ab, ob und wie ein Freilauf ermöglicht werden kann.

Der Gitterauslauf
Der Fachhandel bietet einzelne Gitterelemente an, mit denen Sie sich einen Auslauf nach Ihren Wünschen anfertigen können. Die Gitter haben jedoch häufig eine geringe Höhe, die für die Kaninchen kein Hindernis darstellt. Vor allem im Freien können Netze über den Auslauf gespannt werden. Diese sollten jedoch nicht zu grobmaschig sein, damit die Kaninchen nicht bei hohen Sprüngen darin

Über diesen Gitterzaun könnte das Kaninchen mit Leichtigkeit springen.

Haltung in der Wohnung

hängenbleiben und sich verletzen können.

Ist der Auslauf groß genug bemessen, machen sich die Kaninchen oft gar nicht die Mühe, herauszuspringen. Äste und Häuschen, die direkt am Gitter platziert sind, verleiten die Tiere jedoch zu einem Ausflug.

Komplette Ausläufe aus dem Fachgeschäft haben meist einige Nachteile: Die Netzabdeckung ist oft zu grobmaschig, sodass Marder oder Katzen eindringen können. Sie haben keine untere Begrenzung, die verhindert, dass sich die Kaninchen aus dem Auslauf rausbuddeln. Außerdem sind sie oft so leicht, dass sie einer größeren Böe kaum standhalten und zusätzlich leicht von jedermann weggetragen werden können. Auch die Größe lässt zu wünschen übrig.

Ein schöner, **individueller Auslauf** kann mit etwas handwerklichem Geschick auch selbst hergestellt werden: Bauen Sie dazu das Grundgerüst aus Kanthölzern und Winkeln zusammen und tackern Sie den **Maschendraht** für die Seitenwände an. Soll der Auslauf im Freien aufgestellt werden, denken Sie an eine geeignete Einlassung im Boden, die verhindert, dass die Kaninchen sich rausbuddeln (zum Beispiel Kaninchendraht, Leisten oder Folie). Des Weiteren müssen die Kaninchen draußen vor Feinden wie Marder oder Katze geschützt werden.

Ein einfaches rechteckiges Außengehege besteht aus vier Rahmen, die in Form eines Rechteckes zusammengesetzt werden. Das Außengehege sollte zwischen 60 und 100 cm hoch sein. Wollen Sie das Gehege im Garten aufstellen, sollten Sie auf den etwas teureren, viereckigen, punktverschweißten Volierendraht zurückgreifen, damit keine unliebsamen Besucher in das Kaninchenheim eindringen können. Auch bei einer Balkonhaltung ist dieser Draht sicherer

Dieser Auslauf ist für einen längeren Aufenthalt ungeeignet: Er bietet zu wenig Platz und ermöglicht es dem Tier, sich unter den Gitterelementen durchzubuddeln.

> **Tipp**
>
> Ein handelsüblicher Käfig kann in einem Gehege oder Auslauf zu einem gemütlichen Schlafplatz umfunktioniert werden. Häufig nutzen die Tiere ihn auch als Toilette. Streuen Sie den Käfig dazu gut ein (Einstreu und Stroh) und lassen Sie die Tür stets offen oder bauen Sie diese gleich aus.

und zu empfehlen, während bei der Innenhaltung solche Gefahren nicht drohen und Sie mit günstigeren Alternativen arbeiten können.

Den Draht können Sie mit einem Tacker an der Rahmenkonstruktion befestigen, wobei die Tackernadeln dicht aneinander gesetzt werden sollten, damit sich der Draht nicht löst und keine Löcher entstehen, die eine Gefahr für die Kaninchen darstellen können. Was die Form und Größe Ihres Außengeheges betrifft, hängt beides natürlich von Ihren Möglichkeiten bei sich zu Hause ab. Ein Tunnel oder eine zweite Ebene können im Allgemeinen leicht in das Gehege integriert werden.

Das Gehege sollte zum Schutz vor Mardern und anderen Feinden überdacht werden. Hierzu können Sie ebenfalls einen festen Rahmen bauen, den Sie mit Draht bespannen oder aber einfach ein Netz über das Gehege legen, das mithilfe von Nägeln im Holzrahmen gespannt werden kann. Hängt das Netz in der Mitte durch, kann ein Leckerlibaum eine praktische und für Ihre Kaninchen appetitliche Stütze sein.

Wenn Sie ein stabiles Dach montieren, macht es Sinn, dass die eine Dachhälfte geschlossen ist und die Kaninchen so vor Sonneneinstrahlung und widriger Witterung schützt.

Das Kaninchenzimmer

Sollten Sie die räumlichen Möglichkeiten dazu haben, bietet es sich für Sie an, Ihren Kaninchen ein eigenes Zimmer einzurichten, in dem die Tiere nach Herzenslust rennen, spielen, knabbern und buddeln können. Kabel, Möbel oder giftige Pflanzen bereiten so keine Sorgen mehr. Solch ein Kaninchenzimmer sollte:

→ hell und luftig sein – ein fensterloser Keller- oder Abstellraum ist nicht geeignet. Frische Luft ist gut sowohl im Hinblick auf den Stallgeruch als auch in Bezug auf die Tiergesundheit; Zugluft muss jedoch vermieden werden,
→ nicht nach Süden ausgerichtet sein, da Kaninchen zu hohe Temperaturen nicht gut vertragen und es gar zu einem Hitzeschock kommen kann,
→ nicht für den Freiflug von Heimvögeln genutzt werden beziehungsweise Katzen oder Hunden zugänglich sein, da die Tiere die Kaninchen ängstigen können und
→ eine rauchfreie Zone sein, da Kaninchen empfindlich auf Gerüche reagieren.

Die Fenster in dem Kaninchenzimmer sollten Sie extra sichern, denn selbst gekippte Fenster sind für Kaninchen kein Hindernis; ein Fliegengitter reicht schon als Fensterschutz.

Vergessen Sie auch nicht, an der Türschwelle eine Absperrung anzubringen, damit die Kaninchen nicht gleich hinausflitzen, wenn Sie das Zimmer betreten. Sie sollte direkt an die Tür anschließen und keinen Zwischenraum frei lassen.

Den Kaninchenzimmerboden können Sie – wie weiter vorne schon beschrieben – mit Laminat, Fliesen oder Teichfolie auslegen. Fußleisten bieten den notwendigen Knabberschutz.

Der Kaninchen-Balkon

Eine Alternative zu einem Kaninchenzimmer ist der Kaninchen-Balkon. Ein Balkon kann sehr schön und kaninchengerecht gestaltet werden, doch sind einige Besonderheiten zu beachten, um das Kaninchen nicht zu belasten oder zu gefährden.

Sollen die Kaninchen ganzjährig auf dem Balkon leben, dürfen sie nicht regelmäßig in die Wohnung geholt werden, um mit Ihnen beispielsweise auf der kuscheligen Couch zu schmusen. Der Organismus der Tiere stellt sich schnell auf wechselnde Umweltbedingungen ein. Die Tiere verlieren rasch ihr Winterfell und sind dann im Freien nicht mehr geschützt.

Natürlich ist in einer Mietwohnung auch bei einer Haltung auf dem Balkon das Einverständnis des Vermieters und gegebenenfalls der Nachbarn einzuholen.

Bei der Gestaltung des Balkons sollten Sie folgende Sicherheitsvorkehrungen beachten:

> **Vorsicht vor Greifvögeln!**
>
> Für viele Greifvögel, auch in der Großstadt, ist ein Kaninchen ein willkommener Leckerbissen. Katzennetze oder Gitter schützen Ihre sonst wehrlosen Lieblinge.

→ Die seitlichen Begrenzungen müssen sowohl für die Kaninchen als auch für andere Tiere (wie Marder) undurchdringlich sein. Unterschätzen Sie dabei kleine Löcher und Spalten nicht. Eine Holzverkleidung oder ein in einen Rahmen gefasstes Gitter bieten Sicherheit.

→ Auch eine Absicherung nach oben ist wichtig. Kaninchen sind sehr gute Springer und eine Balkonbrüstung hat meist keine problematische Höhe für sie. Des Weiteren müssen Kaninchen vor anderen Tieren geschützt werden, die sich – nicht nur – von oben in das Kaninchenheim einschleichen können.

Käfigfreie Haltung

Prinzipiell brauchen Sie nicht unbedingt einen Käfig oder ein Gehege für Ihre Kaninchen. Sie wären dann nicht der einzige Kaninchenhalter, der seinen Tieren seine gesamte Wohnfläche zur Verfügung stellt, und das nicht nur für einen zeitlich begrenzten Freilauf. Möchten Sie mit Ihren Kaninchen die Wohnung teilen, aber auch wenn Sie Ihren Tieren „nur" einen längeren, vielleicht auch unbeaufsichtigten Auslauf bieten wollen, müssen Sie einige Risiken berücksichtigen, für die es Vorsorge zu treffen gilt:

→ **Kabel:** Sie finden sich überall in der Wohnung und sind eine tierische Versuchung. Ihre Kaninchen müssen daran gehindert werden, diese anzuknabbern. Nicht nur, dass Plastik gesundheitsschädigend ist, sondern auch die Gefahr, die von frei geknabberten Stromkabeln ausgeht, ist erheblich. Kabelschächte sind eine gute Lösung, kosten nicht viel, sind schnell verlegt und schützen die Elektrokabel vor den Kaninchenzähnen und die Kaninchen und Sie vor Stromschlägen.

→ **Steckdosen**: Alle tief liegenden Steckdosen sollten gesichert werden, entweder mit einer Klappe oder mit einem Kinderschutz, den Sie einfach auf die Steckdose stecken können.

→ **Heizungen:** An einer heißen Heizung können sich die Tiere leicht verbrennen. Eine modische Verkleidung kann hier Schutz bieten und ist manchmal auch ein optischer Gewinn.

→ **Putzmittel**: Haben die Kaninchen Zugang zu Ihrer Küche oder Ihrem Badezimmer, wo in der Regel die meisten Reinigungsmittel aufbewahrt werden, sind diese sicher aufzubewahren. Kaninchen sind, ähnlich wie Kinder, sehr neugierig und haben schnell etwas entdeckt und geschluckt, was für sie lebensgefährlich sein kann.

→ **Zimmerpflanzen**: Manche Pflanzen sind für Kaninchen unverträglich oder sogar giftig. Meist wissen Kaninchen selbst, was sie fressen dürfen und was nicht. Besser ist es jedoch, auf Nummer Sicher zu gehen und auf Pflanzen, die für die Tiere schädlich sind, in der Wohnung zu verzichten. Übrigens, Topfpflanzen, die auf dem Boden stehen, werden von Kaninchen gerne umgegraben. Am besten stellen Sie Ihre Pflanzen außer Reichweite Ihrer Kaninchen, sonst könnte viel unnötige Arbeit für Sie entstehen.

→ **Küche:** Haben die Kaninchen Zugang zu Ihrer Küche, gelangen sie unter Umständen an für sie un-

> **Diese Pflanzen besser nicht!**
>
> Primeln, Amaryllis, Fensterblatt, Kalla, Dieffenbachie, Narzissen, Weihnachtssterne und andere.

verträgliches Gemüse wie Porree, Zwiebeln oder Schnittlauch, was zu starken Blähungen führt; Speisezwiebeln gelten als giftig für Kaninchen.

→ **Tapeten**: Viele Halter kennen das Problem, dass Ihre Kaninchen die Tapeten abreißen, sobald sie auch nur einen Zipfel zu fassen bekommen. Schnell ist die Wand kahl. Was im Kaninchenzimmer nicht unbedingt stört, kann beim Freilauf im Wohnzimmer sehr unansehnlich sein. Sie haben hier die Möglichkeit, die Kaninchen gewähren zu lassen, Sie können versuchen sie umzuerziehen, oder selbst die Initiative ergreifen. Ein einfacher Trick ist es, Plexiglas als Schutz an der Wand anzubringen. Die Höhe sollte daran bemessen werden, wie groß Ihre Kaninchen sind, wenn sie sich strecken. Mit dieser Maßnahme bewahren Sie Ihre Wände auch vor Urinspritzern.

→ **Knabberer**: Kaninchen vergreifen sich nicht nur an Tapeten, sondern auch an den Möbeln. Zur Vorbeugung sollten Sie Ihren Tieren ausreichend Knabber-Alternativen anbieten, beispielsweise Zweige oder Spielzeug aus Holz, und hoffen, dass sie im Gegenzug Ihre Tischbeine verschonen.

→ **Unerreichbare Verstecke**: Schnell ist ein Kaninchen hinter einen Schrank gekrochen und für Sie unerreichbar entschwunden. Kanin-

So schön lässt es sich eben nur mit einem Artgenossen kuscheln.

chen sind wahre Meister im Strecken und Sich-dünn-machen und passen durch die kleinsten Öffnungen. In diesen Fällen können Sie nur warten, bis sich das Kaninchen selbst bequem wieder herauszukommen, oder Ihre Wohnungseinrichtung auseinander nehmen. Mit Holzbrettern sind solche Schlitze schnell verschlossen.

→ **Offene Schränke:** Obwohl das Kaninchen ein beliebtes Objekt für Zauberer ist, kann sein Verschwinden ganz natürliche Ursachen haben: Schnell ist es versehentlich in einem Schrank eingesperrt und man sucht es lange Zeit vergebens, bis es auf sich aufmerksam macht. Hier hilft auf Dauer nur Selbstdisziplin: Lassen Sie prinzipiell keine Schranktüren offenstehen.

→ **Tische:** Wohnzimmertische sind für Kaninchen leicht zu erklimmen und dann sind Blumenvasen, Süßigkeiten oder anderes vor den Tieren nicht mehr sicher. Auch auf den Regalen sollte man darauf achten, was man so herumliegen lässt. Kaninchen sind gute Springer, nehmen aber auf Porzellanfiguren keine Rücksicht. Eine Vitrine schützt Ihre Habseligkeiten.

→ **Balkontür:** Der Balkon sollte kaninchengerecht und sicher gestaltet (siehe auch unter „Der Kaninchen-Balkon", Seite 24) oder aber für die Kleinen unzugänglich sein.

→ **Haustür:** Aus Unachtsamkeit kann man schnell mal vergessen, die Tür zu schließen, woraufhin das Kaninchen auf Erkundungstour geht. Beim Hereinkommen besteht die Gefahr, dass das Tier hinter der Tür sitzt und diese beim Öffnen zu spüren bekommt. Hier hilft es, wenn Sie sich sicherheitshalber ein Schild an die Tür hängen mit einem Bild von Ihrem Kaninchen drauf und einem lustigen Spruch, beispielsweise: „Hier bin ich jetzt der Boss!" Oder „Vorsicht! Bissiges Kaninchen."

→ **Treppen:** Manche Treppen stellen für die kleinen Tiere eine Gefahr dar. Durch Lücken zwischen den Stufen passen sie meist locker durch; ein Kaninchen landet leider nicht auf allen Vieren wie eine Katze und es hat auch keine sieben Leben. Sichern Sie daher den Treppenzugang durch ein Gitter.

→ **Andere Haustiere:** Zwar gibt es viele Ausnahmen, in denen ein Kaninchen friedlich mit einer Katze oder einem Hund zusammenlebt, doch diese bestätigen nicht die Regel. Kennen die Tiere sich nicht sehr gut, sollten Sie sie nicht unbeaufsichtigt lassen. Das Bellen eines Hundes kann Ihr Kaninchen auch sehr erschrecken.

→ **Die eigenen Füße**: Welche Gefahr von unseren Füßen ausgeht, vor allem wenn wir Schuhe tragen, ist einem Kaninchen natürlich nicht klar. Wie oft kommt es vor, dass sie zwischen unseren Füßen herumhoppeln oder uns sogar nachlaufen. Ein unachtsamer Schritt von uns oder von Besuchern, die an frei laufende Kaninchen nicht gewöhnt sind, kann für die kleinen Tiere verhängnisvoll werden. Hier können Aufmerksamkeit und frühzeitige Hinweise unter Umständen lebensrettend sein.

Wenn Sie Ihre Kaninchen am Anfang gut beobachten, werden Sie einschätzen können, wie sich die Tiere auch ohne Aufsicht verhalten werden. Oft ist die käfigfreie Haltung auch ganz problemlos.

Außenhaltung

Möchten Sie gerne in Ihrem Garten Kaninchen halten, dann sollten Sie sich auch hier nicht nur ein Tier anschaffen. Kaninchen sind gesellige Tiere, die sich schnell einsam fühlen. Im Sinne der artgerechten Tierhaltung sollten Sie immer dafür sorgen, dass die Kaninchen ihre natürlichen sozialen Verhaltensweisen ausleben können. Menschen oder Meerschweinchen sind kein Ersatz für einen Artgenossen als Partner. Im Kapitel „Kaninchen vergesellschaften" finden Sie weitere Informationen.

Umstellung auf Außenhaltung und Tierbeobachtung

Bevor Ihre Kaninchen in den Garten umsiedeln, sollten sie langsam an die Aufnahme von frischem Gras gewöhnt werden. Nasses Futter kann am Anfang zu **Verdauungsproblemen** führen. Frisches Heu sollte den Tieren auch weiterhin stets zur Verfügung stehen.

Wollen Sie die Kaninchen im Frühjahr umsetzen, sollten Sie darauf achten, dass kein Bodenfrost mehr herrscht. Später im Jahr muss das Umsetzen so rechtzeitig erfolgen, dass noch genügend Zeit für die Ausbildung eines **Winterfells** bleibt.

Wenn Sie Ihre Kaninchen draußen halten, müssen Sie die Tiere besonders intensiv beobachten, da der Kontakt zu ihnen weniger regelmäßig ist. Besonders die Futter- und Wasseraufnahme sollten Sie regelmäßig kontrollieren. Hinweise auf einen **guten Gesundheitszustand** Ihrer Lieblinge sind klare Augen, glänzendes Fell, normale Kotkonsistenz, keine überlangen Zähne, eine trockene Nase sowie ein aufmerksames Wesen mit regem Ohrenspiel.

Ganzjährige Außenhaltung

Die Haltung der Tiere im Freien bietet sich oft schon aus Platzgründen an. Kaninchen eignen sich gut für die ganzjährige Außenhaltung, sofern sie an Klima und Futter gewöhnt sind und man sie vor widrigen Umwelteinflüssen schützt.

Sollen die Tiere den ganzen **Winter** im Freien bleiben, brauchen sie ausreichend Platz, um sich zu bewegen, gewissermaßen zum „Warm-Rennen". Häufig kann man beobachten, dass sich Kaninchen auch bei Regen und Kälte im Freien aufhalten,

Folgende Doppelseite: Bei hohen Temperaturen sind ein schattiger Platz und ausreichend Trinkwasser wichtig.

dennoch muss ihnen jederzeit ein **trockener und warmer Platz** als Rückzugsmöglichkeit zur Verfügung stehen. Eine gut eingestreute Schutzhütte bietet den Tieren einen warmen Unterschlupf. Die Isolierung mit Styropor ist oft schwierig, da es luftundurchlässig ist und sich so in der Hütte Schwitzwasser und Schimmel bilden können. Eine Isolierung ist jedoch auch nicht notwendig, da das Wichtigste Trockenheit ist – kuschelige Wärme bietet Stroh. Die Hütte sollte frei von Zugluft sein und nasse Einstreu sollten Sie sofort entfernen. Die Heuraufe muss überdacht sein und achten Sie darauf, dass die Tränken im Winter nicht einfrieren.

Sehr praktisch ist eine **erhöhte Schutzhütte**, die auf Stelzen steht und so vor Bodenfeuchtigkeit und durch die isolierende Luftschicht auch vor Bodenkälte geschützt ist. Ein aufklappbarer Deckel erleichtert die Reinigung der Schutzhütte. Ein Lüftungsschlitz zwischen Seitenwand und Dach kann für Luftaustausch sorgen, aber bei unsachgemäßer Aufstellung auch zu gefährlicher Zugluft führen.

Im Herbst können Sie die Tiere etwas energiereicher füttern (zum Beispiel mit Wurzelgemüse), damit sich die Kaninchen eine isolierende Fettschicht zulegen und ausreichend Reserven für die Winterfellbildung vorhanden sind. Verzichten Sie darauf, die Kaninchen im Winter für längere Zeit ins Haus zu holen, da sie sonst das Winterfell abwerfen, zudem können die Temperaturschwankungen leicht zu Erkältungen führen.

Müssen Sie ein krankes Kaninchen von der Gruppe trennen, halten Sie es in einem kühlen, am besten ungeheizten Raum und holen möglichst einen Kameraden dazu. Dies gilt allerdings nicht bei Infektionskrankheiten, die auf andere Tiere übertragen werden können. Bei der Kokzidiose beispielsweise werden die Erreger mit dem Kot ausgeschieden und können so andere Kaninchen infizieren.

Die Haltung im Freien entspricht der natürlichen Umgebung unserer Kaninchen und kalte Temperaturen machen ihnen nichts aus; hohe Temperaturen sind da viel problematischer.

Im **Sommer** kann starke Hitze Ihren Tieren zu schaffen machen. Wichtig ist auch hier eine Schatten spendende Schutzhütte oder Ähnliches. Lüftungsschlitze in der Hütte sorgen für Luftzirkulation. Am besten ist, Sie überdachen einen Teil des Geheges.

Dieses Häuschen auf Stelzen bietet Schutz vor Regen und Bodenfeuchtigkeit – über die Rampe gelangen die Tiere in den Auslauf.

Das Tränkwasser darf nicht zu kalt sein und muss stets zur freien Verfügung stehen. Wechseln Sie das Wasser besonders im Sommer mindestens einmal täglich aus. Ein Ventilator eignet sich keinesfalls, um den Tieren eine Abkühlung zu verschaffen. Auch auf die bestehende Flora sollte man achten, da manche Pflanzen für die Kaninchen giftig sind, wie Bärenklau, Buchsbaum, Farne, Ginster, Goldregen, Maiglöckchen und Schachtelhalm (Internet-Tipp: www.giftpflanzen.ch).

Gehege für die Freilandhaltung

Bei der Gestaltung eines Geheges sind der Fantasie keine Grenzen gesetzt. Steht das Gehege im Freien, sind einige Vorsichtsmaßnahmen zu treffen:

→ Eine Schutzhütte muss den Kaninchen jederzeit erlauben, sich zurückzuziehen und sich vor Sonneneinstrahlung, Wind oder Nässe zu schützen.
→ Das Gehege darf für andere Tiere, insbesondere Marder und Katzen nicht zugänglich sein. Das Gitternetz für die Seiten und gegebenenfalls für das Dach sollte daher aus punktverschweißtem, nicht zu grobmaschigem Draht bestehen und sorgfältig befestigt werden.
→ Als Material für das Dach kommt auch Wellblech infrage, auf dem Regenwasser gut ablaufen kann.
→ Zum Schutz vor Zugluft können zwei Gehegeseiten mit Plexiglas verkleidet werden.
→ Kaninchen buddeln gerne in der Erde und schnell ist ein Gang ins Freie geschaffen. Um dies zu verhindern, kann ein Draht etwa 20 bis 30 cm in den Boden eingelassen werden, der von den Kaninchen nicht untergraben werden kann. Eine Alternative ist ein befestigter Untergrund, wobei hier auf Rutschfestigkeit geachtet werden sollte.

Wo soll das Gehege stehen?

Um einen regelmäßigen Kontakt mit den Tieren zu gewährleisten, ist das Kaninchenheim in der hintersten Gartenecke nicht gut aufgehoben. Ein schönes Gehege kann ein Blickfang in Ihrem Garten sein. Der Komposthaufen sollte möglichst nicht so nah bei den Tieren stehen, da Insekten angezogen werden, die unter Umständen Krankheiten übertragen können. Die Tiere dürfen nicht der prallen Sonne ausgesetzt werden; an einem schattigen Plätzchen fühlen sich Ihre Kaninchen wohler.

Gehegeformen

Von einem einfachen rechteckigen Gehege bis hin zu richtigen Kaninchen-Villen – alles ist möglich. Ein schönes Gehege können Sie leicht selbst bauen.

Eine kleine **Gartenhütte** kann als Kaninchen-Zuhause dienen und mit einem schönen Auslauf kombiniert werden. Hohe Gehege erleichtern den Kontakt zu den Tieren und die Reinigung. Die Gartenhütte kann durch Etagen und kleine Kaninchen-

---

Für Bastler

Mit den richtigen Materialien, etwas handwerklichem Geschick und vielen Einrichtungs- und Beschäftigungsideen machen Sie aus Ihrem Garten ein Kaninchenparadies.

Häuschen interessant und gemütlich gestaltet werden und weiterhin zur Lagerung von Heu und Stroh dienen. An der Türschwelle sollte ein Absatz angebracht werden, damit nicht so viel Einstreu raus getragen wird. Im Winter oder bei starkem Wind kann man die Tür bis auf einen kleinen Spalt schließen, wobei die Tür zum Beispiel mit zwei schweren Steinen gut fixiert werden sollte, um Verletzungen zu vermeiden.

Ein besonderer Blickfang ist ein **Pyramidengehege** mit einer rechteckigen Grundfläche. Meist wird eine Hälfte des Geheges geschlossen, sodass ein windgeschützter Bereich entsteht. Bei starkem Wind kann der geschlossene Bereich beispielsweise durch eine Plane abgetrennt werden. Vorteilhaft ist hier, dass Regenwasser an den schrägen Wänden abläuft.

Der Boden sollte gut gegen Nässe und Kälte isoliert sein. Eine Schutzhütte im geschlossenen Teil kann auf Stelzen gestellt werden.

Einfache, **niedrige Gehege** haben häufig den Nachteil, dass sich Regenwasser auf dem Dach sammelt und dass auch der Kontakt zu den Tieren, beziehungsweise das Saubermachen erschwert sind. Dies können Sie vermeiden, wenn Sie das Dach leicht schräg konzipieren und mit Wellblech auslegen. Ein Klappdach ist aus arbeitstechnischer Sicht sinnvoll.

Freilandhaltung – Gefahren und hilfreiche Tipps

Egal für welche Form der Außenhaltung Sie sich entscheiden, einige Sicherheitsmaßnahmen sind unverzichtbar, denn es gibt vielfältige

Trautes Heim, Glück allein – selbst großzügige Gehege wie dieses lassen sich vergleichsweise einfach selber bauen.

Gefahren, die Ihre Tiere bedrohen. Das sind nicht nur Marder, Katze oder Greifvögel, sondern die Kaninchen können sich selbst in Gefahr bringen, wenn sie eine Gelegenheit finden, sich aus dem Gehege zu buddeln. Die folgenden Gefahrenquellen sind bei der Außenhaltung stets zu berücksichtigen und zu vermeiden.

Neugierige Kinder

Kinder aus der Nachbarschaft, die Ihre kleinen, süßen Kaninchen sehen, möchten oft nur mit ihnen spielen und können dabei eine Bedrohung für die Tiere darstellen, sei es durch Unachtsamkeit, weil sie das Gehege nicht sicher verschließen, oder weil sie mit den Tieren nicht richtig umgehen. Bei einem Gehege schützt ein Schloss vor fremdem, ungewolltem Zugriff auf die Tiere. Meist genügt es schon, mit den Kindern zu reden und ihnen zu erklären, dass und warum sie nicht zu den Kaninchen dürfen. Sie können ihnen ja anbieten, mit Ihnen gemeinsam die Tiere zu besuchen.

Marder, Katze & Co.

Marder und auch Katzen lecken sich beim Anblick eines Kaninchens insgeheim das Maul. Den unbeaufsichtigten Kontakt zu solchen potenziellen Feinden müssen Sie verhindern. Auf einem Gehege, das im Freien steht, muss ein Deckel oder ein Dach angebracht sein. Marder und Katzen überwinden die Seitenwand leicht und die Kaninchen sind ihnen schutzlos ausgeliefert, da sie nicht fliehen können.

Für einen sicheren Marderschutz ist die Qualität des Drahtes entscheidend; Hasendraht ist schnell durchgebissen und Rost macht den Draht brüchig. Für einen guten, sicheren Draht muss man zwar etwas tiefer in den Geldbeutel greifen, dafür hält dieser dann aber auch länger. Zu empfehlen ist der viereckige, punktverschweißte **Volierendraht**. Auch die Absicherung nach unten, in Form eines eingelassenen Bodenschutzes verhindert nicht nur das Ausbrechen der Kaninchen, sondern auch das Einbrechen von Feinden, und sollte unbedingt vorgenommen werden.

Buddelschutz

Kaninchen sind wahre Buddelmeister und haben sich schnell unter einem Gehege durchgegraben. Sind sie besonders aktiv, kann der Gang ins Freie innerhalb kürzester Zeit entstehen. Dem natürlichen Buddelbedürfnis der Kaninchen kann durch Buddelkisten Rechnung getragen werden. Ein Buddelschutz kann mit verschiedenen Maßnahmen werden:

→ **Gitter eingraben:** Lassen Sie einfach einen Gitterdraht in den Boden ein und schon ist Ihr Gehege ausbruchsicher. Das Gitter sollte zwischen 20 und 30 cm tief im Erdreich liegen. Sie müssen es an den Seiten ausreichend hoch verlegen und gründlich befestigen, damit die Kaninchen sich nicht verletzen oder doch noch einen Weg nach draußen finden können. Das flächige Verlegen von Maschendraht im Gehege wird von vielen Kaninchenhaltern zurecht kritisch betrachtet, da die Tiere sich darin verfangen und verletzen können. Wenn Sie über dem Draht aber ausreichend Erde oder Rindenmulch aufschütten, besteht für die Kaninchen keine Gefahr mehr.

→ **Steinboden:** Sie können den Gehegeplatz mit Steinen pflastern,

sodass ein Herausbuddeln nicht mehr möglich ist.
→ **Rasengittersteine:** Diese Steine können großflächig unter dem Kaninchengehege verlegt werden. Ein Loch in der Mitte erlaubt, dass Gras hindurchwächst. Meist wird dieses Gras von den Kaninchen jedoch schnell abgefressen.
→ **Betonboden:** Sicher ist auch das Ausgießen der Bodenfläche mit Beton, es stellt jedoch einen größeren Eingriff dar.
→ **Seitensteine:** Steine, die um das Gehege herum in den Boden gelassen werden, bieten meist keinen dauerhaften Schutz gegen das Ausgraben. Die Steine müssen regelmäßig kontrolliert und gegebenenfalls wieder zugeschüttet werden.

Pflanzen

Beim Auslauf im Garten kommen die Kaninchen mit den verschiedensten Pflanzen in Berührung, von denen manche schädlich oder gar giftig für die Tiere sein können wie Pfingstrosen, Goldregen, Maiglöckchen, Efeu, Thuja, Forsythien, Wilder Wein und viele mehr. Es ist meist nicht zwingend nötig, alle potenziell schädlichen Pflanzen aus Ihrem Garten zu

Praxistipp Giftpflanzen

Das Institut für Veterinärpharmakologie und -toxikologie in Zürich betreibt im Internet eine umfassende Datenbank unter anderem zum Thema giftige Pflanzen, die Sie unter www.giftpflanzen.ch bzw. www.vet-pharm.uzh.ch nutzen können.

Knabberspaß

Kaninchen lieben es, von Zweigen die Knospen, Blätter und Rinde abzunagen. Geeignet sind beispielsweise Buche, Haselnuss, Obstgehölze, Weide oder Hainbuche.

entfernen, die Kaninchen wissen oft, was gut für sie ist und was nicht. Viele giftige Pflanzen schmecken meist auch nicht sonderlich gut. Bieten Sie den Kaninchen einfach ausreichend Grünfutter und Knabberzweige an, sodass sie gar nicht in Versuchung kommen, Ihren Appetit auf andere Weise zu stillen.

Hitze

Während Kaninchen mit niedrigen Temperaturen gut zurecht kommen, macht Ihnen Hitze sehr zu schaffen und kann zu fatalen Folgen bis hin zum Tod durch Hitzschlag führen. Ein Teil des Geheges sollte immer im Schatten stehen, sodass die Kaninchen sich nicht in der Sonne bewegen müssen. Bäume und Sträucher, aber auch Sonnensegel oder Schutzhütten bieten den Kaninchen einen kühlen Ruheplatz. Besonders wichtig ist ein ausreichendes **Trinkwasserangebot**, wobei das Wasser nicht zu kalt sein sollte. Auch **Frischfutter** ist erfrischend und liefert Feuchtigkeit. Viel Wasser enthalten Gurken oder Wassermelonen (in kleinen Mengen). Das Frischfutter bieten Sie am besten am Abend an, dann vertrocknet es nicht so schnell; verdorbenes Futter muss umgehend entfernt werden.

Zugluft, Kälte und Regen

Zugluft schadet den Kaninchen; extreme und anhaltende Zugluft kann

zu Erkältungen oder Blasen- und Augenentzündungen führen. Dies sollten Sie natürlich verhindern. Bei Außengehegen sollten nicht alle Seiten offen sein. Wenn Sie die in Windrichtung liegende Seitenwand schließen, wird Zugluft meist schon vermieden. Regen macht den Kaninchen eigentlich gar nichts aus, er kann oft sogar erfrischend sein. Unangenehm und ungesund wird die Feuchtigkeit in Verbindung mit Kälte, wenn die Tiere keine Möglichkeit haben, sich aufzuwärmen. Platz zum Warmlaufen und eine kuschelige, warme Schutzhütte helfen hier. Ein Teil des Geheges sollte überdacht sein, damit die Kaninchen sich im Trockenen aufhalten und dort fressen können. Auch für Sie als Kaninchenhalter ist es angenehmer, wenn Sie bei Regen im Gehege nicht nur in einer einzigen großen Schlammpfütze stehen.

Insekten

Fliegen und Mücken können Krankheiten übertragen und in der Gegenwart von zu vielen Bienen fühlen wir uns häufig nicht wohl. Obst zieht Insekten an, vor allem, wenn es zu faulen beginnt. Futterreste sollten daher stets sofort aus dem Gehege entfernt werden. Fliegengitter oder Obstnetze, als günstigere Variante, halten die Plagegeister fern.

Parasiten

Im Sommer kann es auch zu einem Befall der Kaninchen mit Fliegenmaden oder anderen Parasiten kommen. Untersuchen Sie die Tiere auf Verletzungen, die eine Eintrittspforte für die Krankheitserreger bieten. Bei Langhaarrassen kann bei hohen Temperaturen das Fell gekürzt werden, was für die Kaninchen sicher angenehmer ist.

Gartenteich

Wenn Sie die Kaninchen in Ihrem Garten laufen lassen und sich dort ein Gartenteich mit flacher Uferböschung befindet, brauchen Sie sich keine Sorgen zu machen. Sollte ein Kaninchen doch einmal das Pech haben, in den Teich zu fallen, ist das nicht bedrohlich, da es schwimmen kann und sich schon irgendwie aus dem unliebsamen Nass befreit. Besitzt Ihr Gartenteich allerdings sehr steile Ufer – wie es meist bei Teichwannen der Fall ist – sollten Sie ihn unbedingt umzäunen und abdecken. Die steilen Wände bieten den Kaninchenpfoten – aber auch beispielsweise Igelpfötchen – keinen Halt und die Tiere können ertrinken.

> **Natürlicher Regenschutz**
>
> Kaninchen werden nicht durchnässt bis auf die Knochen, wenn es regnet. Ihr Fell schützt sie vor den Regentropfen wie ein Regenmantel. Der Regen wird vom Fell aufgenommen und gelangt, zumindest bei leichtem Regen, nicht bis zur Haut. Der Tropfen entledigen sich die Tiere dann durch Putzen und Schütteln.

Oben: Dieser Gartenteich hat flache Ufer, sodass er keine Gefahr für Ihre Kaninchen darstellt.

Kaninchen vergesellschaften

Kaninchen möchten als Gruppentiere nicht alleine sein. Sie sind sehr sozial und wollen dieses Sozialverhalten auch ausleben – der Mensch ist kein Ersatz für einen Artgenossen. Kaninchen in Einzelhaltung sind einsam, langweilen sich und werden oft nach einiger Zeit apathisch. Die arttypischen Verhaltensweisen können die Tiere nur in einem **Gruppenverband** ausleben, und dies zu beobachten macht doch den besonderen Reiz bei der Kaninchenhaltung aus. Die Tiere kommunizieren auf ihre Weise miteinander, spielen zusammen, putzen sich gegenseitig und tragen Rangkämpfe aus.

Partnerwahl

Leider ist die Meinung weit verbreitet, dass Meerschweinchen gute Gesellschafter für Kaninchen seien. Das ist jedoch ein Irrtum. In Zoohandlungen wird leider oft zu dieser Kombination geraten, aber inzwischen haben zahlreiche Studien gezeigt, dass diese Tiere unterschiedlicher kaum sein könnten und auch nicht gerne zusammenleben.

Ein Meerschweinchen und ein Kaninchen sind eine **unglückliche Zweckgemeinschaft**, in der beide leiden – das Meerschweinchen wohl noch mehr, da es bei Auseinandersetzungen meist unterlegen ist. Viele Meerschweinchen-/Kaninchenbesitzer argumentieren, dass sich die Tiere so gut verstünden und viel miteinander kuschelten. Dies dürfte jedoch eher damit zu tun haben, dass das Meerschweinchen Angst hat und einsam ist, denn eigentlich sind Meerschweinchen eher distanzierte Tiere, die Körpernähe nicht besonders schätzen.

Eine ganze Reihe Gründe spricht dafür, Kaninchen und Meerschweinchen nicht zusammen zu halten:

→ Zoologisch betrachtet, gehören Meerschweinchen und Kaninchen unterschiedlichen Ordnungen an. Anders als Meerschweinchen sind Kaninchen keine Nagetiere, sondern gehören zur Ordnung der Hasenartigen.

→ Die Art und Weise, wie Meerschweinchen und Kaninchen mit ihren Artgenossen kommunizieren, ist sehr verschieden, sodass diese Tiere keine gemeinsame Basis haben, sich untereinander zu verständigen. Kommunizieren Kaninchen über die Körpersprache miteinander, verständigen sich Meerschweinchen hauptsächlich über Laute. Diese „Fremdsprachlichkeit" kann zu Verwirrung, Dauerstress, ja gar zu Aggressionen zwischen beiden führen und das Wohlbefinden der Tiere erheblich beeinträchtigen.

→ Kaninchen und Meerschweinchen stellen unterschiedliche Ansprüche an ihre Umwelt, denen wir als Halter Rechnung zu tragen haben. Kaninchen bevor-

Wer lebt schon gerne allein – Kaninchen jedenfalls nicht.

Partnerwahl

zugen von Natur aus Höhlen. Die meisten Kaninchen buddeln gerne und viel und es können sehr lange, verzweigte Gänge entstehen. Meerschweinchen hingegen bauen, beziehungsweise graben sich keine Höhlen, sondern hausen in natürlichen Verstecken wie Büschen oder Bäumen.

→ Der unterschiedliche Lebensrhythmus der Tiere kann zu Problemen und Stress führen, da sie sich gegenseitig in ihren Ruhephasen stören. Kaninchen sind nämlich dämmerungs- beziehungsweise nachtaktiv und brauchen dann tagsüber ihre Ruhe. Meerschweinchen hingegen sind tagaktiv und schlafen nachts.

→ Kaninchen sind Nesthocker, die nackt und blind auf die Welt kommen und auf die Pflege durch die Mutter angewiesen sind. Kaninchenjunge sollten 8 bis 10 Wochen bei der Mutter belassen werden. Problematisch ist, dass nichtkastrierte Weibchen scheinträchtig werden können und dann ihrem Nestbautrieb nachkommen. Das Nest wird von den „trächtigen" Tieren verteidigt, was für die Meerschweinchen gefährlich werden kann. Meerschweinchen hingegen sind Nestflüchter, die sehend und mit Fell geboren werden. Sie sind selbstständig und nicht auf die Pflege durch die Mutter angewiesen. Die Jungen suchen sich noch am selben Tag ihr Futter und bilden eine Jungtiergruppe.

→ Der Sozialverband der Kaninchen ist weniger stark als das bei den Meerschweinchen der Fall ist. Kaninchen leben zwar zusammen, aber jedes Tier hat seinen eigenen Unterschlupf, in den es sich zurückziehen kann. Meerschweinchen hingegen sind sehr soziale Tiere mit einem starken Gruppenverband. Sie sind den ganzen Tag zusammen und kommunizieren miteinander. Daher sollten Meerschweinchen lieber weniger, dafür aber größere Hütten angeboten werden.

Kaninchen und Meerschweinchen sind zu verschieden, um auf Dauer als Wohngemeinschaft zu harmonieren.

→ Durch das Revierverhalten der Kaninchen kann es zu Auseinandersetzungen kommen, da Meerschweinchen die Bedürfnisse und das Verhalten ihrer langohrigen Mitbewohner nicht richtig deuten können.
→ Kaninchen suchen unmittelbaren Kontakt zu ihren Artgenossen: Sie belecken sich, schmusen und putzen sich gegenseitig. Meerschweinchen hingegen meiden eher den körperlichen Kontakt zu anderen Tieren; sie putzen sich auch nicht gegenseitig. Diese konträren Bedürfnisse können dazu führen, dass sich einerseits das Meerschweinchen bedrängt fühlt, wenn ihm das Kaninchen zu nahe rückt, während andererseits das Kaninchen auf die Erwiderung seiner Zärtlichkeiten verzichten muss.

Das alles sind natürlich keine guten Voraussetzungen für ein dauerhaftes Zusammenleben. Um ihrem Kaninchen eine artgerechte Umwelt zu bieten, sollten sie ihm also einen **passenden Partner** zur Seite stellen. Doch nicht alle Kaninchen sind untereinander gut verträglich. Jedes Tier hat natürlich seinen eigenen Charakter, doch vor allem sollte auf das Geschlecht geachtet werden, um Auseinandersetzungen zu vermeiden.

Weibchen und Männchen
Dies ist eine Kombination, die von vielen Kaninchenhaltern empfohlen wird. Das Männchen sollte jedoch kastriert sein, um eine Trächtigkeit des Weibchens zu vermeiden. Wird der Rammler nach der Geschlechtsreife kastriert, muss er anschließend sechs Wochen vom Weibchen

getrennt werden, da er so lange noch fortpflanzungsfähig ist. Ein Vorteil der Kastration ist das Fehlen des typischen Rammlerverhaltens (zum Beispiel Urinspritzen). Die Frühkastration vor Eintritt in die Geschlechtsreife bietet einige Vorteile; wird der Rammler zu spät kastriert, ist es nicht gewiss, ob unerwünschte Verhaltensweisen verschwinden.

Zwei Männchen
Sollen zwei Männchen zusammen gehalten werden, müssen beide Tiere kastriert werden, da sie ansonsten Rangkämpfe austragen würden, die tödlich enden können. Allerdings muss dies nicht pauschal für alle Tiere gelten; einige Kaninchenhalter berichten von erfolgreicher Vergesellschaftung zweier Böcke, insbesondere wenn es sich um einen älteren und einen jüngeren handelt oder wenn beide Tiere vorher in einer „Männergruppe" aufgewachsen sind und das notwendige gemeinschaftliche Verhalten gelernt haben.

Zwei Weibchen
Häufig wird die Kombination zweier Weibchen empfohlen – was meist kein guter Rat ist. Weibchen entwickeln nämlich oft ein aggressives

Kaninchenbabys kommen nackt und blind zur Welt und sind auf die mütterliche Pflege angewiesen.

Kaninchen bauen sich in freier Natur verzweigte Wohnhöhlensysteme. Das Graben und Buddeln ist ihnen angeboren.

Revierverhalten gegeneinander. Eine Scheinträchtigkeit kann ebenfalls gesteigerte Aggressionen auslösen. Doch auch hier kann keine allgemein gültige Aussage getroffen werden, denn der individuelle Charakter der Tiere spielt dabei eine große Rolle und man kann Weibchen beobachten, die friedlich miteinander leben. Eine Kastration ist bei bestehenden Problemen keine Lösung, da diese bei Weibchen zum einen sehr teuer und zum anderen mit einigem Risiko verbunden ist. **Ein Rammler** kann in einer Gruppe mit **zwei Weibchen** allerdings für Ruhe sorgen, häufig werden Streitereien so vermieden.

Vorbereitung

Wenn Sie schon ein Kaninchen haben und dieses mit einem neuen Partner zusammenführen wollen, sollten Sie eine Quarantänezeit von etwa zwei Wochen einhalten. In dieser Zeit sollten die Kaninchen räumlich voneinander getrennt sein, um später Probleme bei der Vergesellschaftung zu vermeiden. Manchmal tragen die Tiere Krankheiten latent in sich, die bei einer Schwächung des Immunsystems infolge von Umzugs- oder Eingewöhnungsstress in ein neues Zuhause, ausgelöst werden können. Wollen Sie auf Nummer Sicher gehen, lassen Sie eine Kotprobe vom Tierarzt untersuchen.

Die wichtigste Vorraussetzung für ein friedliches Miteinander ist ausreichender **Platz**. Dann können sich die Tiere aus dem Weg gehen und müssen nicht um ihr Revier streiten. Eine Fläche von 2 m² je Tier ist dabei als Mindestmaß zu empfehlen. Von der Vergesellschaftung zweier Tiere in einem handelsüblichen Käfig ist daher nachdrücklich abzuraten.

Auch zwei Kaninchen, die zusammen aufgewachsen sind, können unter Umständen in einer neuen Umgebung erneut Rangkämpfe ausfechten, oder aus Angst und Stress Aggressionen gegeneinander entwickeln.

Die Vergesellschaftung von Jungtieren unter vier Monaten ist meist unproblematisch, insbesondere wenn sie vom gleichen Züchter stammen und sich schon kennen. Doch auch das Zusammenführen von ausgewachsenen Tieren ist meist einfach, wenn man ein paar Regeln befolgt. Im Tierheim warten oft viele liebe Kaninchen auf ein schönes Zuhause. Dort werden Sie auch beraten, welche Tiere zusammenpassen, sich gut verstehen und welchen Charakter sie haben.

Es gibt ein paar Tricks, die eine Vergesellschaftung erleichtern:

→ **Ausreichendes Platzangebot:** 2 m² sollten pro Tier mindestens angeboten werden, um Aggressionen auf Grund von Revierkämpfen zu vermeiden.
→ **Neutraler Raum:** Die Tiere sollten auf einem neutralen Raum zusammengeführt werden, den beide nicht kennen. Andernfalls kann es dazu kommen, dass das alteingesessene Kaninchen das neue Kaninchen als Eindringling betrachtet und sein Heim als sein Revier verteidigt. Steht Ihnen kein separater Raum zur Verfügung, können Sie auch versuchen, die Markierungen des Erstbewohners zu entfernen, indem Sie den Käfig mit Essig reinigen und die Einrichtung umstellen.
→ **Verstecke:** Den Kaninchen sollten Versteck- und Rückzugsmöglichkeiten geboten werden. Am besten eigenen sich dazu Häuschen aus Holz, oder aber auch Pappkartons. Die Häuser sollten mindestens zwei Ausgänge haben, damit kein Kaninchen in die Enge getrieben werden kann. Es sollte mindestens ein Unterschlupf pro Tier vorhanden sein.
→ **Viel Ablenkung:** Liebe geht bekanntlich durch den Magen. So können sich Tiere beim gemeinsamen Fressen auch leicht aneinander gewöhnen. Sie können dazu verschiedenes Obst und Gemüse im Gehege verteilen, damit die Kaninchen auch etwas gefordert werden.

Folgende Doppelseite: Erste Annäherung – aus Fremden werden vielleicht Freunde.

Diese beiden sind zusammen aufgewachsen. Trotzdem kann es später zwischen ihnen zu Auseinandersetzungen kommen.

- → **Trink- und Futterstelle:** Für jedes Tier sollte ein eigenes Trink- und Futtergefäß vorhanden sein, damit sie nicht aus einem Napf fressen müssen, wenn sie nicht möchten.
- → **Unfallgefahren vermeiden:** Die Häuschen sollten am Gehegerand aufgestellt werden, damit die Tiere in der Mitte ausreichend Platz zum Rennen und Jagen haben. Da es wild zugehen kann, stehen überflüssige Gegenstände schnell im Weg.

Während der Vergesellschaftung

Haben Sie die Tiere zusammengesetzt, bleibt zu beobachten, was passiert. Die Charaktere der Kaninchen bestimmen nun den Verlauf der Vergesellschaftung. Eines muss man sich bewusst machen: Mitleid ist fehl am Platz! Keinesfalls sollten Sie bei Streitereien frühzeitig eingreifen – dieses Verhalten ist natürlich und die Tiere fechten so ihre Rangordnung aus, was für das geregelte und friedliche Miteinander entscheidend ist. Wenn Sie die Tiere trennen, weil sie Mitleid mit dem Schwächeren haben (weil er zum Beispiel gejagt wird), dann machen Sie es ihnen nur schwer! Sobald Sie die Kaninchen wieder zusammensetzen, geht die Rivalität noch einmal von vorne los und wird vielleicht sogar noch heftiger ausgetragen. Sie sollten die Auseinandersetzung aber abbrechen, wenn eines der Kaninchen ernsthaft verletzt ist. Blutige Wunden sind ein Hinweis, den man nicht ignorieren sollte. Zwicken, Jagen und Fell-Ausreißen sind eher harmlose Angelegenheiten, auch wenn es für uns ganz anders aussieht.

Nach der Vergesellschaftung

Wenn die Kaninchen die Rangordnung geklärt haben und sich gut verstehen, hat man das Gröbste überstanden; doch jederzeit kann es vorkommen, dass die soziale Hier-

Klare Augen und ein wacher Blick – so sieht ein gesundes Kaninchen aus.

archie von Neuem geklärt und ausgefochten werden muss – das ist ganz normal.

Rangordnung

In einer Kaninchengruppe herrscht eine strenge Hierarchie, an die sich alle Tiere in der Gruppe zu halten haben. Jedes Kaninchen hat einen bestimmten Rang. Das dominierende Kaninchen hat verschiedene Privilegien. Es gibt eine Männchen- und eine Weibchenhierarchie.

Die Hierarchien sind allerdings nicht statisch, sondern werden in **Rangkämpfen** immer wieder neu definiert. Der Schwächere hat sich dann dem Stärkeren zu unterwerfen. Sind die Machtverhältnisse geklärt, ist erst einmal wieder Ruhe. Diese Ordnung ist wichtig für die Kaninchen. Ist die Gruppe stabil und ausreichend Platz vorhanden, finden sich rangniedrige Kaninchen mit ihrem Rang ab. Schwächere Kaninchen werden manchmal gejagt beziehungsweise weggejagt, sie fliehen und verstecken sich. Hält dieser Zustand an, müssen diese Kaninchen aus der Gruppe genommen werden.

Die stärkeren Kaninchen haben einen Lieblingsplatz, den sie für sich beanspruchen und wo sie oft zu finden sind. Tiere mit niedrigem Rang werden eher in die Randbereiche verdrängt.

Werden fremde Kaninchen zusammengebracht, ist die Rangordnungsfindung mitunter sehr schwer. Es kann sein, dass Kaninchen sich nicht vergesellschaften lassen. Dann kann es dauerhaft zu Kämpfen kommen, die Tiere fressen nicht zusammen oder ein Tier wird gar so unterdrückt, dass es stark an Gewicht verliert und leidet. Hier hilft es manchmal, die Tiere für zwei Wochen in getrennten Räumen zu halten, damit sie den ersten Versuch vergessen. Danach kann man noch einmal versuchen, die Tiere zu vergesellschaften. Klappt es wieder nicht, dann müssen Sie entweder zwei getrennte Gruppen halten, einen der Streithähne weggeben oder – bei zwei zickenden Weibchen – ein kastriertes Männchen als möglichen ausgleichenden Ruhepol dazu holen – leider ist auch das keine Garantie für einen wirklich dauerhaften Frieden.

Fühlen sich meine Kaninchen bei mir wohl?

Kaninchen können Ihnen zwar nicht mit Worten sagen, wie es ihnen geht und ob sie sich bei Ihnen wohl fühlen, doch kann man aus dem Verhalten der Tiere eine Menge schließen. Tiere, denen es gut geht,
→ sind aufmerksam und haben Vertrauen zu Ihnen; dies äußert sich darin, dass die Tiere zu Ihnen kommen, wenn Sie das Gehege betreten, Sie mit der Nase anstupsen oder belecken,
→ wälzen und putzen sich,
→ rennen durch die Gegend, schlagen Haken und machen Luftsprünge,
→ legen sich auch in Ihrer Anwesenheit ab, um sich auszuruhen; großes Vertrauen ist gegeben, wenn Sie aufstehen und die Kaninchen liegen bleiben,
→ sind aufgeweckt, munter und neugierig; wenn sie etwas hören, machen sie Männchen und blicken sich um.

Einrichtungsideen für das Kaninchenheim

Auch Ihre Kaninchen lieben etwas Abwechslung in ihrem Zuhause. Deshalb sollten Sie ihnen außer der Grundausstattung zusätzliche Gelegenheiten bieten, sich zu beschäftigen. Eine ganze Reihe von Einrichtungsideen finden Sie nachfolgend vorgestellt. Sie sind nicht teuer und auch nicht aufwendig anzufertigen, wenn Sie diese selber herstellen wollen.

Trautes Heim ...

Kaninchen sind Fluchttiere, sie brauchen die Möglichkeit, sich zurückzuziehen. Deshalb ist es wichtig, ihnen sowohl in der Innen- wie auch in der Außenhaltung **Verstecke** anzubieten. Damit die Kaninchen sich auch richtig wohl fühlen, sollten bei den aufgestellten Häuschen einige Dinge beachtet werden:

- Die Häuschen sollten ein Flachdach haben, denn Kaninchen legen sich dort nicht nur gerne drauf, sondern sie benutzen Erhöhungen als Ausguck. Das liegt in ihrer Natur, da sie so ihre Gruppe frühzeitig vor Feinden warnen können.
- Die Häuser sollten zwei Ein- bzw. Ausgänge haben, damit bei Streitereien kein Tier in die Enge getrieben wird, sondern stets die Möglichkeit hat zu fliehen. In der Natur hat auch jeder Kaninchenbau mindestens zwei Zugänge.
- Kaninchen brauchen keine Fenster, schließlich leben sie in freier Wildbahn ja auch in Höhlen. Ein Häuschen ohne Fenster – wenn es vielleicht für uns auch nicht so nett aussieht – entspricht daher den natürlichen Lebensbedingungen der Kaninchen.
- Plastikhäuser, wie man sie oft in Zoohandlungen kaufen kann, sind für die Kaninchen weniger geeignet. Die Tiere knabbern daran herum und die Gefahr besteht, dass Plastiksplitter in den Magen gelangen und zu Verletzungen führen. Erfahrungsgemäß ist außerdem in Hütten aus Plastik die Luftzirkulation nicht besonders gut.
- Wenn Sie die Kaninchenhäuser farblich gestalten wollen, können Sie dies mit ungiftiger Farbe tun. Den Kaninchen ist es allerdings egal, welche Farbe die Einrichtungsgegenstände haben, denn sie können Farben kaum erkennen. Sehr wahrscheinlich können sie sogar nur die Farben Rot und Grün erkennen. Farbliche Gestaltung ist also eher etwas für das menschliche Auge.

Häuser aus Holz

Aus Holz kann man sehr schöne Häuser für wenig Geld bauen. Stückholz ist in Baumärkten meist recht günstig zu erwerben. Besonders Sperrholz ist leicht zu bearbeiten und genügt den Anforderungen.

Ein schattiges Plätzchen ist gerade an heißen Sommertagen unersetzlich und ohne großen Aufwand leicht selbst gebastelt.

Trautes Heim...

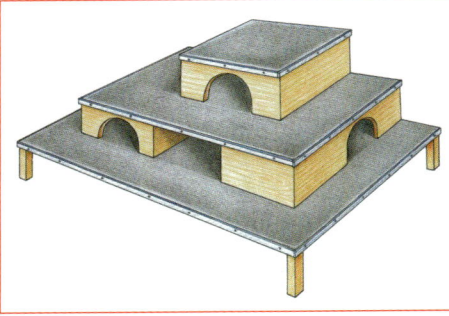 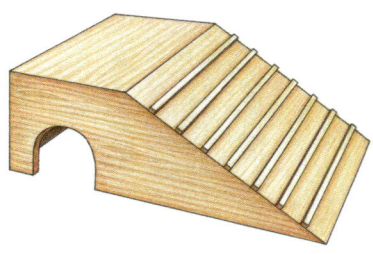

Etagenwohnungen: Sie benötigen etwas mehr Platz, verschaffen den Kaninchen aber zusätzliche Bewegungsmöglichkeit.

Das Plateau-Häuschen mit einseitigem Auf- und Abgang lässt sich als Rampe auch an andere Gehegeeinrichtungen anbauen.

Die Häuschen, die im Fachgeschäft angeboten werden, sind oft ziemlich klein und für das Geld können Sie zwei oder drei größere Kaninchenhütten selber bauen. Ihre selbst gebauten Häuser können Sie verschrauben oder leimen. Holzleim ist ungiftig für Kaninchen, anders als beispielsweise Kleber.

Da Kaninchen kräftige Hinterläufe haben, und es für sie ein Leichtes ist, auf das Dach eines Häuschens oder davon herunter zu springen, müssen selbstgebaute Häuser solide konstruiert sein. Verschraubte Häuser halten dem auf jeden Fall stand. Bei der Gestaltung kann man seiner Fantasie freien Lauf lassen. Wie schon gesagt, an Fenstern im Häuschen erfreuen lediglich wir Menschen uns, Kaninchen bereiten sie Unbehagen. Will man dennoch ein Haus mit Fenstern bauen, dann sollte man den Kaninchen zusätzlich einen Unterschlupf bieten, der ihnen eine dunkle **Rückzugsmöglichkeit** schafft.

Ein Kaninchenhäuschen sollte groß genug sein, um es den Tieren zu ermöglichen, sich richtig auszustrecken und vielleicht auch mal Männchen zu machen. Die Größe eines Häuschens ist also immer der Größe der Tiere anzupassen.

Gestalterische Möglichkeiten, die das Haus interessanter für die Kaninchen machen, gibt es viele: Man kann beispielsweise Rampen an die Häuser bauen, Eckhäuser anschließen, zwei Häuser durch eine Röhre miteinander verbinden oder das Haus so hoch gestalten, dass eine zweite Etage möglich ist.

Die Häuser sollten für den Menschen gut erreichbar und leicht zu öffnen sein. Dies ist umso wichtiger, je größer und damit schwerer ein Haus ist. Denn solche Häuser hochzuheben, ist meist sehr umständlich und beschwerlich. Die Häuschen sollten auch nicht zu leicht sein, damit die Kaninchen sie nicht einfach umwerfen können.

Stellt man das Haus oder den Häuserkomplex an die Wand, kann man gut auf die Rückwand verzichten. Leicht lässt sich dann das Haus vorziehen; ideal für die Innenhaltung wären Rollen, die das Handling noch etwas erleichtern. Für uns ist es natürlich am einfachsten,

Gestaltungsvariante für ein Holzhaus: Rampen-Häuschen mit separatem Auf- und Abgang.

Wohnhöhlensystem: Zwei Häuschen lassen sich durch einen Tunnel miteinander verbinden.

wenn wir das Dach aufklappen können. Die Kaninchen mögen es jedoch nicht, wenn von oben eine Hand auf sie herunterlangt, das hat einen Greifvogeleffekt und macht den Tieren Angst. Wenn Sie aber ruhig vorgehen, die Kaninchen vorbereiten und mit ihnen reden, werden sie sich daran gewöhnen und wissen, dass ihnen keine Gefahr droht.

Besonders bei größeren Bauten kann man die Vorderfront zu einer Tür umgestalten, die man bequem öffnen kann. So kann man leicht an sein Tier gelangen, ohne erst irgend etwas verschieben zu müssen.

Steinhäuser

In einem Außengehege lassen sich mit Steinen schöne Häuser gestalten, die den Kaninchen einen dunklen Unterschlupf gewähren und im Sommer kühlen Schatten spenden. Dazu bietet es sich an, eine **Mulde** in die Erde zu graben und darüber zum Beispiel eine Gehwegplatte auf einige Steinstützen zu stellen, so haben die Kaninchen eine richtige Höhle, in der sie sich sicher und wohl fühlen. Auf der Gehwegplatte können sie sich sonnen oder man nutzt diese Stelle als Futterplatz. Es ist natürlich wichtig, dass die Steine gut und stabil aufeinander liegen, damit keine Unfallgefahr besteht. Viele Steine zu einer Höhle gestapelt lassen sich auch gut mit etwas Mörtel fixieren.

Transportbox

Mindestens eine Transportbox sollte jeder Kaninchenhalter zu Hause haben. Die Boxen sind praktisch, um die Tiere einfach und sicher zum Tierarzt zu bringen. Die meiste Zeit jedoch steht die Box ungenutzt in der Ecke – warum eigentlich? Dann kann sie auch im Gehege auf ihren Einsatz warten und solange den Kaninchen als Häuschen dienen. Die Vordertür sollte man dabei aushaken, damit sich die Tiere nicht einsperren können. Ein großer Stein, den man in die Transportbox legt, verhindert, dass die Kaninchen sie umwerfen.

Pappkartons

Ihren Kaninchen eine Freude zu bereiten, muss Sie nicht viel Geld kosten. Holzhäuser aus dem Handel sind ja schön und gut und manchmal auch recht farbenfroh, jedoch lieben es viele Kaninchen, wenn sie ein Haus haben, mit dem sie etwas mehr anfangen können.

Um ihnen diese Abwechslung zu verschaffen, eignen sich **unbedruckte Kartons**, in die Sie an den Seiten Türen schneiden können. Da sie unbedruckt sind, braucht man sich um die Gesundheit seines Tieres keine Sorgen zu machen. Die Pappe ist recht dünn und kann so leicht von den Tieren zerlegt werden. Manche Kaninchen schleifen den Karton durch den Käfig, andere verkauen ihn mehr und mehr, und ein tolles Haus oder Versteck ist er allemal.

Sie können die Kartons auch zu einem Tunnel zusammenstellen. Wenn Sie beispielsweise keine Kuschelröhre oder Ähnliches kaufen möchten, ist das eine günstige Alternative. Mehrere Kartons lassen sich zu einem Labyrinth aufstellen, an dem die Kaninchen ihre Freude haben – schließlich können Sie darin so viel Neues entdecken!

Viele schöne Sachen können Sie auch aus **Schuhkartons** für ihre Zwerge herstellen. Fragen Sie einfach mal in einem Schuhgeschäft nach leeren Kartons. In den meisten Geschäften wird man Ihnen kostenlos welche mitgeben. Sie schneiden dann einfach zwei Ein- bzw. Ausgänge hinein, und schon haben Sie ein – zugegebenermaßen recht niedriges – Haus für Ihre Kaninchen.

Für ein größeres Haus stellen Sie zwei Kartons übereinander. Die Deckel nehmen Sie ab. Wegen der Stabilität sollten Sie bei beiden Kartons Schlitze hineinschneiden und sie dann ineinander stecken. Der erste Schuhkarton wird richtig herum aufgestellt und der andere kopfüber. Nun können Sie zwei große Türen ausschneiden und anschließend den Deckel als Dach auflegen. Auch hier bietet es sich wieder an, die beiden Kartons zum Beispiel mit einem Rohr zu verbinden. Seien Sie nicht enttäuscht, wenn Ihre Kaninchen die selbst kreierten Einrichtungsgegenstände nicht sofort nutzen; manche Tiere sind sehr neugierig und testen alles, andere brauchen eben etwas länger.

Aus großen Kartons (z. B. **Umzugskartons**) lassen sich auch tolle Sachen bauen: Man kann gleich mehrere Türen hineinschneiden oder mit einem kleineren Karton eine zweite Ebene schaffen. Mit Pappbögen als Trennwänden können Sie dann den Innenraum gliedern. Der Deckel sollte oben liegen, damit man den Karton nicht immer komplett anheben muss und dabei vielleicht die Einrichtung zerstört.

> **Vorsicht**
>
> Um die Gesundheit Ihrer Kaninchen nicht zu gefährden, sollten Sie zum Bau von Häusern und Unterschlupfen keine Kartons verwenden, die als Wasch- oder Spülmittelbehälter gedient haben. Diese könnten chemische und für Kaninchen unverträgliche Rückstände enthalten.
>
> Verwenden Sie bitte auch kein Klebeband, keinen Klebstoff und keine Metallklammern zum Häuschenbau. Die Tiere könnten sie fressen beziehungsweise verschlucken. Arbeiten Sie möglichst nur mit gefalteten Kartons!

Selbst gemachte Zelte und Höhlen

Ganz einfach lassen sich Höhlen aus Handtüchern bauen. Dazu legen Sie ein Handtuch z. B. über einen Hocker und schon haben Sie darunter eine Höhle. Auch können Sie ein Gerüst aus Zweigen bauen. Allerdings machen sich manche Kaninchen eher einen Spaß daraus, das Handtuch wegzuziehen und anderweitig zu nutzen, aber das kommt immer auf den Charakter des Tieres an. Probieren Sie es einfach aus.

Bei einem Außengehege lässt sich ein großes Stück Stoff am Gitter befestigen, spannen und z. B. mit Heringen im Boden fixieren.

Ein Gerüst für die Höhle Marke Eigenbau ist aus einigen Holzlatten leicht und individuell hergestellt. Größe und Form sind beliebig; das Gerüst wird anschließend mit einem Stück Stoff verkleidet, wobei der Stoff gut gespannt sein sollte, damit die Kaninchen nicht einsinken. Eine Plane eignet sich für diesen Zweck auch sehr gut. Den Stoff können Sie z. B. an das Holz tackern. Ist das Stoffstück groß genug, kann man es rechts und links schräg auf den Boden ziehen und mit Heringen befestigen – so entsteht eine Höhle in Form eines Trapezes.

Kuschelvergnügen

Dienen Häuser und Höhlen in erster Linie dem elementaren Schutzbedürfnis Ihrer Kaninchen, gibt es auch eine Reihe von Möglichkeiten, um es Ihren Tieren in ihrem Zuhause so richtig wohnlich und gemütlich zu machen.

Ein Sonnensegel lässt sich schnell selber zusammenbauen. Wenn Sie die Stelzen tief genug in den Boden stecken, ist es auch stabil genug.

Zeit für ein Mittagsschläfchen auf dem Kuschelbett.

Wigwam

Der Wigwam ist ein Zelt in Form eines Iglus, den es für verschiedene Tierarten, und so auch für Kaninchen, zu kaufen gibt. Er besteht meist aus Nylon und ist bei 30 °C waschbar. Eine Vlies-Einlage im Inneren sorgt für kuschelige Gemütlichkeit und schützt außerdem vor Bodenkälte. Die Wigwams für Meerschweinchen und Kaninchen haben weiterhin Schlaufen zum Befestigen, die sich an den vier unteren Ecken des Wigwams befinden. So kann der Wigwam auch im Außengehege aufgestellt werden.

Katzenkorb

Auch Katzen- oder kleine Hundekörbchen sind als Schlaf- und Liegeplatz geeignet und sehr beliebt bei Kaninchen. Katzenkörbe, die unter der Liegefläche noch eine Höhle haben, gefallen den Kaninchen besonders gut. So haben sie gleich noch ein schönes Versteck. Katzenkörbe, besonders mit Stoffkissen, eignen sich vor allem für die Innenhaltung.

Kuschelbett

Extra für Kaninchen, aber auch für Meerschweinchen und Hamster, werden im Zoohandel sogenannte Kuschelbetten angeboten. Diese Kuschelbettchen können Sie wenden und bei 30 °C waschen. Die Unterseite besteht aus Nylon, der Rest aus Kuschelvlies, das von vielen Tieren gerne angenommen wird.

Hängematten

Hängematten sind bei den meisten Kaninchen sehr beliebt. Sie sind im Fachgeschäft käuflich zu erwerben, wobei man auf eine angemessene Größe achten sollte. Hängematten können aber auch leicht selber hergestellt werden: Man nimmt ein

Stück Stoff und stanzt an jeder Ecke mit einer Lochzange ein Loch hinein. Damit die Löcher nicht ausfransen, können sie mit Ösen stabilisiert werden. Der Stoff sollte nicht zu dünn sein, damit er die Kaninchen auch sicher trägt. Durch die Ösen können nun Seile gezogen werden, mit denen man die Hängematte an einer geeigneten Stelle befestigt. Die Matte sollte nicht zu hoch hängen, etwa 20 cm über dem Boden, da sich die Kaninchen sonst unter Umständen nicht hinein legen. Probieren Sie es aus und Ihre Tiere werden Ihnen zeigen, wie sie die neue Kuschelmatte am liebsten nutzen.

Rampen

Rampen kennt man vor allem aus der Meerschweinchenhaltung. Da Meerschweinchen nicht springen können, bieten ihnen Rampen zum Beispiel die Möglichkeit, im Freigehege auf eine zweite Ebene zu gelangen. Bei Kaninchen sind Rampen eher unüblich. Dennoch werden sie bei manchen Bauten gerne genutzt, denn es gibt auch Kaninchen, die diese Hilfe gerne in Anspruch nehmen. Nicht zuletzt ist ja auch der optische Effekt für viele Halter ausschlaggebend.

Treppen steigen und Rampen laufen schadet Kaninchen nicht. Ob sie diese benutzen oder nicht, ist ihnen ja freigestellt. Junge, vor allem aber auch ältere Tiere, haben oftmals Probleme, eine höher gelegene Ebene zu erreichen und nutzen Rampen daher gerne. Alternativ zu einer Rampe können Sie auch eine Treppe aufstellen, so werden die Tiere zum Springen animiert. Als Treppenersatz können auch Sitzteller, Häuschen oder andere vorhandene Einrichtungsgegenstände dienen, die dann eine Zwischenebene bilden.

Eine Rampe für Ihre Kaninchen sollte **nicht zu steil** sein. Einen optimalen Winkel gibt es allerdings nicht, da dieser immer auch von ihren Tieren abhängt; 20–30 Grad sind jedoch meist eine angemessene Steigung. Beobachten Sie Ihre Kaninchen die erste Zeit, dann werden Sie sehen, ob diese mit der Rampe zurechtkommen und ob sie gerne genutzt wird. Um den Tieren den Weg über das neue „Ding" im Gehege zu zeigen, können Sie zu Beginn einige Leckerlis die Rampe hoch auslegen.

Die Rampe darf auch **nicht zu glatt** sein. Kork eignet sich gut als Material und die Tiere können problemlos darauf laufen. Holz ist für viele Tiere zu rutschig, doch einige Querstreben aus dünnen Holzleisten bieten Trittsicherheit und erleichtern den Tieren den Aufstieg. Die Holzfläche können Sie auch mit einem Stück Teppich bekleben oder mit einem Stück Kunstrasen. Die Seitenränder sollten gut befestigt werden, damit die Kaninchen nicht daran nagen. Auch Weidenbrücken eignen

> **Die Ast-Rampe**
>
> Wenn Sie keine Weidenbrücke haben, können Sie sich auch selber ein paar gerade und gleich dicke Äste sammeln und diese dicht hintereinander auf die Rampe kleben oder nageln. Diese Rampe sieht dann auch sehr schön aus und wird von den Kaninchen gerne genutzt werden.

sich für einen sicheren und interessanten Aufstieg. Diese Brücken sind flexibel, sodass Sie sie flach auf der Rampe befestigen können, beispielsweise mit kleinen Nägeln.

Schmirgelpapier dagegen ist auf keinen Fall geeignet, um eine glatte Holzoberfläche für Kaninchenfüße rutschfest zu machen. Es reibt das Fell an den Unterseiten der Füße ab.

Weiterhin sollte die Rampe **breit genug** sein, damit gegebenenfalls auch gleichzeitig ein Kaninchen hinauf und ein zweites Tier hinunterklettern kann. Die Rampe sollte also so breit sein, dass zwei Kaninchen bequem nebeneinander Platz finden.

Wenn man den Käfig in den Auslauf integriert, lässt sich die Tür herunterklappen. Man schafft so einen Eingang, an dem die Kaninchen aber leicht hängen bleiben können. Um dem vorzubeugen, kann man daran beispielsweise eine flache Weidenbrücke oder eine Rampe befestigen.

Weidenbrücken

Weidenbrücken kann man im Zoohandel in verschiedenen Größen kaufen. Für Kaninchen können sie eigentlich nicht groß genug sein. Weidenbrücken sind schöne **Hindernisse** zum Darüberspringen, tolle **Ausguckplattformen** sowie gute **Verstecke** und **Liegeplätze**. Auch als Aufstiegshilfe, um den Tieren den Übergang zu einer höheren Etage zu erleichtern, eignen sich die Brücken gut, da sie flexibel formbar sind und so den örtlichen Gegebenheiten angepasst werden können; außerdem sehen sie sehr hübsch aus. Da sie aus unbehandeltem Holz gefertigt sind, können sie von den Kaninchen nach Herzenslust angenagt werden und unterstützen so den Zahnabrieb.

Buddelkisten

Kaninchen lieben es zu buddeln. Manchmal graben sie ihr gesamtes Heim um. Eine Buddelkiste ist daher ein toller Einrichtungsgegenstand, der vielleicht auch die Ordnung im Gehege aufrechterhält. Was das **Buddelmaterial** betrifft, sind Kaninchen sehr flexibel – Sand, Erde, Rindenmulch, aber auch alte Handtücher wecken ihr Interesse. Rindenmulch ist allerdings für die Innenhaltung aufgrund seines Geruchs nicht so gut geeignet. Als Sand kommt häufig Spielsand zum Einsatz, dieser ist nicht so fein wie Kiessand und lässt sich auch gut formen.

Das Buddelsubstrat sollten Sie jedoch in jedem Fall regelmäßig wechseln, da die Buddelkiste von den Kaninchen gerne auch als Toilette genutzt wird.

Clevere Kaninchen

Sie glauben, Ihre Kaninchen buddeln nicht? Dann schauen Sie sich die Häuser und Kisten in Ihrem Kaninchenheim mal genauer an. Kaninchen sind kluge Tiere. Heben Sie die Einrichtungsgegenstände einfach mal hoch – viele Kaninchen buddeln gewissenhaft nur dort, wo Sie es nicht sofort sehen können. Häufig entdeckt man die Höhlen, Löcher und kleinen Gänge erst beim Reinigen der Häuschen oder beim Umstellen der Gehegeeinrichtung.

Sandkasten, Katzenklo, Blumentopf & Co.

In der freien Natur leben die Kaninchen in Höhlen mit oft sehr langen Gängen, die weit verzweigt sind und mehrere Ein- und Ausgänge besitzen. Diese Höhlen werden von den Kaninchen selbst gegraben. Selbstverständlich ist dieser Trieb auch bei unseren Hauskaninchen lebendig. Im Gehege wird den Kaninchen die Möglichkeit zum Graben aus Sicherheits- und Platzgründen oft genommen. Im Außengehege ist der Grund dafür häufig die Angst vor natürlichen Feinden der Kaninchen, wie dem Marder, denen nicht die Möglichkeit gegeben werden soll, sich in das Gehege zu graben.

Das **Buddelbedürfnis** ist bei Kaninchen unterschiedlich ausgeprägt. Meistens sind es eher die Weibchen, die wirklich Gänge buddeln wollen, während Männchen nur kleine Kuhlen ausheben, in die sie sich hineinlegen können.

Im Haus haben die Kaninchen, wenn keine spezielle Kiste vorhanden ist, nicht die Möglichkeit zu buddeln. Sie scharren dann oft auf dem Boden, was sehr laut werden kann und so manchen Teppich ruiniert.

Hier hilft allerdings das Aufstellen einer Buddelkiste. Mit ihr sparen Sie sich bei der Außenhaltung die Sicherheitsvorkehrungen gegen das Rausbuddeln der Kaninchen – da die Tiere überwiegend in der Kiste buddeln – und schützen bei der Haltung in der Wohnung Ihre Ohren und Teppiche.

Um Ihren Kaninchen einen schönen Platz zum Buddeln einzurichten, eignen sich zum Beispiel einfache **Sandkästen**, die im Handel als Komplettausstattung vergleichsweise günstig bezogen werden können. Für einen Sandkasten braucht man meistens aber etwas mehr Fläche, weshalb diese Variante vor allem in größeren Freigehegen zum Einsatz kommt.

Viele Kaninchenhalter funktionieren ein **Katzenklo** als Buddelkiste um, vor allem wenn die Tiere im Haus gehalten werden. Katzenklos haben einen Deckel, der verhindert, dass zu viel Sand herausgeworfen wird. Auch **Teichwannen** aus Plastik oder andere Plastikkisten können mit Buddelsubstrat befüllt werden und sind in verschiedenen Größen und Formen erhältlich. Selbst mit einem **stabilen Karton** kann man den Tieren einen Platz zum Graben schaffen. Kisten und Kartons haben häufig den Vorteil, dass sie hohe Seitenwände haben und nicht so viel Buddelmaterial herausgeschleudert werden kann. Bei hohen Seitenwänden kann eine kleine Rampe oder Treppe den Kaninchen den Einstieg erleichtern.

Eine kleine Buddelgelegenheit schaffen Sie für Ihre Tiere auch mit der Wanne eines alten Gitterkäfigs oder einfach mit Blumentöpfen, wobei sich diese Varianten aufgrund des Austrags eher für die Außenhaltung eignen.

Der Vorteil von Katzenklos und Plastikkisten liegt in der einfachen Reinigung, während ein Sandkasten mit einer Schaufel komplett geleert werden muss. Eine Plastikfolie, die man auf den Boden legt, kann hier übrigens die Arbeit erleichtern.

Tunnel

Kaninchen finden es herrlich, sich zu verstecken, dunkle Höhlen zu inspizieren und neue Spielsachen zu entdecken. Tunnel haben für die Tiere einen ganz besonderen Reiz und bieten eine interessante Beschäftigung.

Pflanzringe

Um Ihren Lieblingen einen natürlichen und schönen Tunnel anzubieten, gibt es zahlreiche Möglichkeiten. Pflanzringe zum Beispiel sind als Tunnel im Kaninchengehege sehr gut geeignet. Es gibt verschiedene Arten von Pflanzringen, die sich in Größe und Form unterscheiden – die einen sind viereckig und die anderen oben abgerundet. Beide Formen lassen sich gut im Gehege verwenden. Pflanzringe sind im Sommer kühl und die Kaninchen können daran ihre Krallen abnutzen.

Die viereckigen Pflanzringe lassen sich aufrecht hinstellen, sodass man ein Brett darüber legen kann; durch das Brett sollte man an beiden Seiten Löcher bohren, damit man es mit einer Naturkordel an den Pflanzringen festbinden kann.

Auch wenn die Pflanzringe einzeln in das Gehege gelegt werden, bieten sie den Kaninchen einen kleinen **Ausguck** oder eine **Höhle** zum Verstecken.

Mehrere Pflanzringe hintereinander aufgestellt werden zu einem attraktiven Tunnel, in dem die Tiere sich gut verkriechen können.

Wenn Sie die Pflanzringe von Zeit zu Zeit umstellen, werden Sie beobachten, wie alt Bewährtes und Bekanntes auf einmal wieder einen ganz neuen Reiz für Ihre Tiere bekommt. Ihre Kaninchen werden die Pflanzringe von neuem unter die Lupe nehmen, sie werden darum herumrennen, daraufspringen und sich darin verstecken, als hätten sie diese noch nie gesehen.

Sie können die Pflanzringe auch leicht versetzt übereinander stapeln und bepflanzen – so entsteht eine tolle **Kletterwand**, die auch unserem Auge gefällt.

Steintunnel

Nicht nur ein schönes Kaninchenhäuschen lässt sich aus Steinen bauen, auch ein Tunnel kann so entstehen. Mit Natursteinen unterschiedlicher Größe und Farbe sieht so ein

---

Mut machen!

Ist Ihr Kaninchen anfangs etwas scheu und traut sich nicht so recht, in das neue „Ding" zu krabbeln, können Sie seinen Mut anspornen, indem Sie ihm die Entscheidung mit einigen Leckerlis erleichtern. Führen Sie das Kaninchen mit Möhren- oder Apfelstückchen in den Tunnel und wieder heraus, bis es keine Angst mehr hat.

Ziegel-Tunnel

Haben Sie noch ein paar alte Ziegelsteine und **Dachziegel** daheim deponiert? Stapeln Sie die Ziegelsteine zu zwei Tunnelwänden übereinander und legen Sie die Ziegel als Dach darauf. Achten Sie dabei bitte sorgfältig auf die Stabilität der Konstruktion. Nun schütten Sie den Tunnel von außen noch mit Sand zu, bis er auch optisch zum Tunnel wird.

Tunnel natürlich besonders schön aus und bietet den Kaninchen bei höheren Temperaturen einen dunklen, kühlen Platz zum Ausruhen. Die Steine sollten allerdings mit Mörtel stabil zusammengehalten werden, um Unfälle zu vermeiden.

Baumstammtunnel
Ebenfalls sehr beliebt sind Tunnel in Form eines hohlen Stammes. Hohle Baumstämme gibt es manchmal als Vogelnistkästen in Baumärkten zu kaufen. Wenn Sie Glück haben, finden Sie einen schönen hohlen Stamm im Wald, dabei ist allerdings zu beachten, dass solche alten Stämme oft bereits von Wildtieren genutzt werden. Halbiert man einen Baumstamm und höhlt ihn aus, kann man daraus auch schöne Häuser für seine Kaninchen bauen.

Korkröhren
Des Weiteren können Sie sich Korkröhren kaufen. Sie bestehen aus der Rinde der Korkeiche und sind gewölbt wie ein Tunnel. So können Ihre Kaninchen die Röhren als Tunnel nutzen oder auch als Höhle und Versteck. Korkröhren sind in verschiedenen Größen erhältlich, sodass Sie diese passend zur Größe Ihres Kaninchens kaufen können. Solche Korkröhren werden von den Kaninchen sehr gut angenommen – sie eignen sich zum Hineinlegen, Darüberspringen, Anknabbern und Herumtragen.
   Häufig findet man Korkröhren in der Aquaristikabteilung von Zoogeschäften, doch bei Aquarienartikeln ist darauf zu achten, dass sie **nicht behandelt** wurden, um der Schimmelbildung im Wasser entgegenzu-

Pflanzringe sind ein gern genutzter Unterschlupf, der im Sommer zusätzlich kühlenden Schatten spendet.

Folgende Doppelseite: Diesem Kaninchen gefällt der Rascheltunnel, bei dem sich blickdichte Teile mit Netzteilen abwechseln.

wirken; die dazu verwendeten Mittel können für die Kaninchen giftig sein.

Im Fachgeschäft werden nicht nur Korkröhren angeboten, sondern auch **Korkrindenplatten**. Aus diesen lassen sich schnell Unterschlüpfe bauen. Sie können sie auch als Hindernisse in das Gehege legen. Auch zum Knabbern eignen Sie sich ausgezeichnet.

Rascheltunnel für Kaninchen

Kaninchen- oder auch Katzentunnel sind im Zoofachgeschäft erhältlich und sind für die Tiere besonders interessant, da sie lang und flexibel sind. Die Tunnel für Katzen sind dabei größer und meist auch stabiler. Oft können zwei Tunnel zu einem langen Tunnel verbunden werden. Bei den Tunneln, die für Kaninchen angeboten werden, wechseln sich blickdichte Teile meist mit Netzstücken ab. Viele Kaninchenhalter berichten allerdings von negativen Erfahrungen mit den Netzeinsätzen, da sich die Krallen darin verfangen können oder die Tiere es als Ausgang betrachten und Panik bekommen, wenn sie dort nicht rauskommen. Am besten befestigen Sie solch einen Tunnel an beiden Seiten, damit er nicht einfällt und die Kaninchen Angst bekommen.

Der Tunnel ist einem natürlichen Baugang der Kaninchen nachgeahmt, der stabil sein muss und nicht einstürzen darf. Manchmal sind Befestigungsschlaufen direkt am Tunnel integriert. Einige Tunnel haben auch in der Mitte einen zusätzlichen Ausgang, was für die Kaninchen von Vorteil ist.

Für etwas mehr Geld sind im Handel auch Kaninchentunnel erhältlich, die mit einer Spirale versehen sind, sodass sie nicht zusammenfallen können.

Eine schöne Idee sind auch lange Plastikröhren aus dem Baumarkt.

Auch eine Betonröhre bietet im Gehege ein stabiles Versteck.

Diese gibt es mit unterschiedlich großen Durchmessern und werden von vielen Kaninchenhaltern gerne genutzt.

Schuhkartontunnel

Zur Herstellung von Tunneln aus Pappe eignen sich Schuhkartons und Teppichboden-Rollen. Beide Materialien erhält man gewöhnlich auf Nachfrage in den meisten Schuhläden und Teppichgeschäften kostenlos.

Auch Schuhkartons können Sie zu einem Tunnel umfunktionieren, indem Sie in die schmalen Seitenwände Türen einschneiden – rechteckig oder in Form eines Kreises – und die Kartons dann einfach aneinander stellen. Wenn Sie kleine Löcher in die Kartons machen, können Sie die Einzelteile mit einer Naturkordel aneinanderbinden. Bei längeren Tunneln bietet es sich an, ab und zu eine Seitentür zu integrieren. Da viele Kaninchen nicht nur durch den Tunnel hindurch laufen, sondern gerne auch darüber springen oder sich darauf legen, sollte der Deckel oben liegen, um ausreichende Stabilität zu gewährleisten. Mit diesem System lassen sich nicht nur gerade Tunnel konstruieren, sondern auch richtige **Tunnelsysteme** oder sogar ein **Tunnel-Labyrinth**.

Verschiedene Ebenen durch übereinander gestellte Schuhkartons geben dem Ganzen den letzten Pfiff. Dies können Sie bis hin zu einer **Schuhkarton-Kaninchen-Pyramide** perfektionieren, indem Sie die unterste Ebene des Tunnels in Form eines Vierecks aufstellen und etwas versetzt ein weiteres Tunnelviereck darüber stellen. Binden Sie dabei die beiden Ebenen am besten mit Naturkordel aneinander.

Wenn Sie beim unteren Tunnel einige Löcher in die Deckel schneiden und beim zweiten Tunnel einige Türen in die Seitenwände, können die Tiere vom unteren Tunnel direkt in die zweite Etage gelangen. Dieses System lässt sich nach oben nun fortsetzen, bis irgendwann ein einzelner Schuhkarton die Pyramidenspitze bildet.

Die Kartons sollten nicht eingestreut werden, da dies die Kaninchen dazu verleiten könnte, sie als Toilette zu benutzen.

Teppichboden-Rollen

„Fertige Kaninchentunnel" erhalten Sie auch im Baumarkt in Form von langen Plastikröhren oder – günstiger und für Kaninchen, die gerne nagen, sogar noch besser geeignet – in Teppichgeschäften; meistens wird man Ihnen dort die alten Pakprollen, auf denen die Teppiche aufgewickelt waren, gerne und kostenlos geben.

Röhrentunnel

Wie schon erwähnt, eignen sich auch **Kanalrohre** aus Kunststoff als Kaninchentunnel. Bei der Auswahl sollten

---

Röhren – sicher und sauber

Damit die Röhre nicht wegrollt und die Kaninchen ohne Angst hindurchrennen können, kann sie beispielsweise mit Draht oder Naturkordel am Gehegegitter befestigt werden. Probieren Sie es aus, vielleicht gefällt Ihren Kaninchen eine mobile Röhre ja auch besser. Und um zu vermeiden, dass der Tunnel zunehmend von Kot und Urin verschmutzt wird, können Sie die Röhren unten aufsägen. Wenn Sie dann noch ein paar Löcher in die Röhre bohren, haben Sie sogar noch eine gute Luftzirkulation sichergestellt.

Sie auf einen geeigneten Durchmesser und die passende Länge achten, damit Ihr Kaninchen nicht stecken bleibt. Mit solchen Rohren lassen sich auch zwei Häuschen oder Käfige miteinander verbinden.

Der Kunststoff lässt sich bearbeiten, sodass man an der Seite ein Stück herausschneiden kann, um ein Gitter einzusetzen. So schafft man eine bessere Luftzirkulation und man kann den Tunnel einblicken. Wenn Sie die Rohre außen mit Erde aufschütten und die Erde befestigen, schaffen Sie Ihren Kaninchen einen Zusatznutzen, da diese dann gut darüber hinweg wetzen können. Achten Sie darauf, dass der Kunststoff nicht angenagt wird.

In ein größeres Freigehege können Sie auch eine Betonröhre integrieren. Diese ist größer, kühler und stabiler als ein Kanalrohr aus Kunststoff. Die Röhre kann mit Sand zugeschüttet oder mit Rasen begrünt werden. Das sieht sehr schön aus und gefällt auch den Kaninchen.

Heuraufen

Heu sollte Ihren Kaninchen immer ausreichend zur freien Verfügung stehen. Dabei ist es wichtig, dass Sie auf gute Qualität achten, denn schlechtes Heu rühren die Tiere nicht an.

Heuballen können Sie vermutlich am günstigsten bei einem Landwirt in Ihrer Nähe beziehen. Für (viel) mehr Geld können Sie Heu auch in der Zoohandlung kaufen, wobei der Inhalt meist nicht besonders lange vorhält.

Streuen Sie Heu einfach in das Gehege, dann wird es von Ihren Kaninchen auch als Schlafplatz oder gar als Toilette benutzt werden. Damit das als Futter gedachte Heu von den Kaninchen nicht verschmutzt wird, empfiehlt es sich, dafür eine Heuraufe aufzustellen beziehungsweise aufzuhängen.

Heuraufen aus Metall

In den meisten Zoohandlungen kann man Heuraufen aus Metall in verschiedenen Größen bekommen. Diese Heuraufen sind gut geeignet, da die Stangen weit auseinander stehen und die Tiere gut daraus fressen können, ohne die Gefahr, dass sie sich dabei verfangen und verletzen. Sie sollten sich eine Raufe besorgen, die der Größe Ihres Kaninchens angepasst ist.

Für Gitterkäfige werden Heuraufen angeboten, die von außen an den Käfig gehängt werden können; im Käfig wird dann nicht unnötig Platz weggenommen und ihre Kaninchen springen nicht hinein.

Obstkörbe aus Metall können auch an die Gehegedecke gehängt werden, wobei darauf zu achten ist, dass die Öffnungen groß genug sind und die Kaninchen das Heu problemlos herauszupfen können. Die Höhe können Sie selbst bestimmen; der Korb muss von den Tieren jedoch

> **Treppen-Spaß**
>
> Sie können übrigens auch eine Treppe aus Ytong-Steinen fertigen (natürlich geht das auch mit normalen Backsteinen). Dabei ist es wichtig, dass die Treppe ausreichend breit ist, damit die Kaninchen genug Platz zum Hochspringen haben. Da sich diese Steine sehr gut bearbeiten lassen, können Sie die scharfen Kanten mit einer Holzfeile abrunden.

Rechte Seite: Diesem Kaninchen schmeckt sein Heu.

Heuraufen

erreichbar sein, wenn sie Männchen machen, aber hoch genug, dass sie nicht hineinspringen können.

Heuraufen aus Holz

In Zoohandlungen werden auch Holzraufen zum Aufstellen angeboten. Diese können von Kaninchen jedoch leicht umgeworfen werden, eignen sich daher vielleicht eher für Meerschweinchen. In so eine Heuraufe legen die Kaninchen sich auch gerne hinein.

Mit etwas handwerklichem Geschick lassen sich Holzraufen auch günstig und vergleichsweise einfach selbst herstellen. Achten Sie jedoch stets darauf, unbehandeltes Holz zu verwenden.

Steinraufen

Praktische Ständer, beispielsweise für Zweige, sind Klinker- oder Mauersteine mit vielen Hohlräumen, wie sie beim Hausbau verwendet werden. Verschiedene Äste mit Blättern können dann einfach in die Löcher gestellt werden. Als Futter eignen sich zum Beispiel Zweige von Haselnuss-, Apfel-, Birnen- oder Pflaumenbäumen.

Manche Kaninchen recken sich und knabbern die Blätter ab. Andere Kaninchen reißen lieber die Äste raus, ziehen sie weg und bedienen sich dann. Wenn Sie zwei solcher Steine übereinander legen, müssen sich die Kaninchen schon etwas mehr anstrengen und können die Äste nicht so einfach herausziehen.

Aus **Klinkersteinen** haben Sie schnell auch eine attraktive Heuraufe gebaut: Legen Sie die Steine einfach hin und stecken Sie mehrere kleine Zweige in die Löcher, entweder in Form eines Halbkreises oder als zwei Seitenwände, die bis auf den Boden reichen.

Eine Heuraufe können Sie auch aus **Ytongsteinen** anfertigen. Dieses Material lässt sich sehr leicht bearbeiten. Bohren Sie dazu Löcher in einer beliebigen Form in die Steine. Stecken Sie Zweige aufrecht in diese Löcher. In deren Mitte können Sie dann das Heu verteilen.

Sockenraufe

Was das Material zum Bau von Heuraufen betrifft, sind Ihrer Fantasie keine Grenzen gesetzt. Selbst die unscheinbarsten Materialien und Gegenstände, die sich im Haushalt finden, eignen sich dazu.

Verschluckt Ihre Waschmaschine auch manchmal einen Socken oder haben Sie einen löchrigen Socken, den zu flicken sich nicht mehr lohnt? Dann werfen Sie diesen nicht weg, sondern funktionieren Sie ihn für Ihre Kaninchen um: Schneiden Sie noch ein paar Löcher dazu und befüllen Sie den Socken mit frischem Heu, zupfen Sie dabei das Heu ein wenig aus den Löchern heraus. Nun können Sie den Socken oben zubinden und im Gehege aufhängen oder einfach

---

Praxis-Tipp

Benutzen Sie für Ihre Basteleien immer nur unbehandeltes Holz. Möchten Sie Ihrem Designermöbelstück Farbe verleihen, können Sie es mit Spielzeuglack nach Ihren Wünschen lackieren. Dieser Spielzeuglack wird auch für Holzspielzeug genutzt, das für Kinder unter drei Jahren hergestellt wird und speichelfest ist. Der Lack ist ungiftig. Besser ist es aber, wenn Sie nur einen Holzschutz auftragen, hierfür eignet sich zum Beispiel Leinöl; das Holz muss jedoch regelmäßig nachgestrichen werden – je nachdem, wie stark es beansprucht wird.

Eine Terrasse, ein Tunnel, eine Weidenbrücke, eine Kieswühlkiste und ein Holzstamm – Kaninchenherz, was willst du mehr.

in das Gehege legen. Die Kaninchen freuen sich bestimmt.

Raufe aus Geschenkpapierrollen
Alle möglichen ausgedienten Papprollen – Geschenkpapier, Küchenrolle usw. – können als Heuraufe dienen, wenn man ein paar Schlitze oder Löcher hineinschneidet, die Papprollen mit Heu befüllt und dieses etwas herauszupft. Auch an einem Gitterkäfig kann man solche Raufen gut befestigen.

Heukissen oder Heukörbchen
Auch aus einem Kissen mit Reißverschluss kann man eine Heuraufe basteln. Schneiden Sie einfach einige Löcher hinein und nähen Sie gegebenenfalls die Ränder um, damit sie nicht ausfransen. Durch den Reißverschluss kann nun das Heu eingefüllt werden. Alternativ können Sie auch Leinentaschen verwenden, die sich mit den Henkeln gut am Gitter befestigen lassen.

Die verschiedensten Körbchen, oft aus Weide, werden zum Beispiel zu Dekorationszwecken oder Ähnlichem angeboten und sind oft dazu geeignet, mit Heu befüllt und im Kaninchengehege aufgehängt zu werden. Auch hier dürfen natürlich die Löcher nicht zu klein sein. Zum Teil werden spezielle Körbchen auch als Raufen für Kaninchen im Zoofachhandel angeboten.

Pappkartonraufen
Jeder beliebige Pappkarton, am besten mit einem stabilen Deckel, kann als Heuraufe dienen und gleichzeitig den Tieren als Spielzeug. Schneiden Sie einfach an allen Seiten viele Löcher in die Pappe, zupfen Sie das Heu etwas heraus und setzen Sie den De-

ckel wieder auf. Die Kaninchen können den Karton nun durch das Gehege ziehen, auf ihn drauf springen und das Heu herauszupfen. Der Karton sollte möglichst unbedruckt sein, da die Kaninchen ihn annagen.

Strohnest-Raufe

Für Hamster gibt es sogenannte Strohnester zu kaufen. Für Kaninchen sind diese zwar als Kuschelnest viel zu klein, sie können dafür aber gut als Heuraufe zweckentfremdet werden. Achten Sie darauf, dass das Strohnest nicht mit Draht zusammengehalten wird, da hier eine Verletzungsgefahr besteht.

Kaninchen brauchen Überblick

Kaninchen lieben es, wenn ihnen in ihrem Gehege viele verschieden hohe Ebenen zum Aufenthalt angeboten werden. Dann können sie nach Herzenslust den Raum, den ihnen ihr Gehege auch in der Höhe anbietet, ausnutzen und sich beispielsweise auf den hohen Ebenen schöne **Ausgucke** einrichten. Um die Ebenen interessanter zu gestalten, können Sie dort einige Häuschen aufstellen oder Hängematten befestigen.

Möchten Sie Ihren Kaninchen einen Komplex mit mehreren Etagen bauen, sollte die unterste Ebene die größte Fläche haben und die Ebenen nach oben sollten kleinflächiger werden, damit die Tiere problemlos herunterspringen können. Für ältere

Ein Baumstamm lässt sich im Gehege von den Kaninchen vielseitig verwenden – zum Beispiel als Ruhe- und Aussichtsplattform.

Tiere können Sie flache Rampen anbringen.

Ganz einfach schaffen Sie eine zusätzliche Ebene, indem Sie beispielsweise einen alten Stuhl in das Gehege stellen und diesen eventuell durch eine Rampe mit einer anderen schon vorhandenen Ebene verbinden. Die Kaninchen nutzen solch eine **Aussichtsplattform** gerne. Falls der Stuhl nicht stabil oder zu leicht ist, können Sie ihn mit einer Kordel am Gitter des Geheges befestigen.

Mit ein paar Sperrholzplatten, Kanthölzern, Winkeln, Nägeln und einem Hammer fertigen Sie im Handumdrehen auch individuelle Kaninchenterrassen.

Kratzbäume

Kratzbäume erfreuen nicht nur das Katzenherz! Auch Kaninchen nutzen sie gerne. Sehr beliebt sind die Kratzbäume bei Kaninchenbesitzern, die ihre Tiere in der Wohnung halten, da die Kratzbäume mit Stoff bezogen sind und sich daher eher für die Innenhaltung eignen. Vorteilhaft ist es natürlich, wenn Ihr Kaninchen stubenrein ist, da das Reinigen des Katzenbaums schwierig ist.

Kaninchen benutzen den Baum nicht wie Katzen zum Kratzen, sondern hier wird gesprungen, geklettert, sich versteckt und die schöne Aussicht genossen. Kratzbäume werden in unterschiedlichen Größen angeboten; für die Kaninchen sollte der Kratzbaum nicht zu hoch (maximal 50 cm) sein. Da ein Kaninchen nicht die sprichwörtlichen sieben Leben einer Katze hat, kann ein Sturz aus größerer Höhe für sie gefährlich werden.

Kratzbäume gibt es in den unterschiedlichsten Varianten, doch bieten gewöhnlich selbst die einfachen Ausführungen den Tieren mehrere Ebenen. Meist ist auch eine Kuschelhöhle vorhanden und manchmal sogar eine Kuschelröhre. Extra-Spielzeug für Katzen, wie Wollbälle oder Glöckchen, die häufig an den Bäumen hängen, interessieren die Kaninchen wenig. Sie können diese Spielsachen jedoch zum Beispiel durch einen Futterball oder Futter an einer Leine austauschen. Dann wird der Kratzbaum auch für die Kaninchen noch interessanter.

Kratztonne

Alternativ zu Kratzbäumen, die häufig viel Platz in Anspruch nehmen, werden im Handel – ebenfalls für Katzen – auch sogenannte Kratztonnen angeboten; das sind hohle Säulen mit mehreren runden Einstiegslöchern und Etagen. Die Kratztonnen sind entweder mit Stoff umkleidet, sie eignen sich dann eher für die Innenhaltung, oder mit sehr robusten Sisalgeweben, einer Naturfaser, aus der beispielsweise auch Schiffstaue hergestellt werden. Die Höhlen sind mit kuscheligem Stoff ausgekleidet, sodass Ihre Kaninchen sich dort bestimmt wohlfühlen. Es ist nicht nötig, Treppen oder Rampen an die Löcher zu stellen, da die Kaninchen diese meist problemlos erreichen.

Felsenlandschaften

Wenn Sie für Ihre Kaninchen ein großes Freigehege zur Verfügung haben, können Sie einen Teil der Fläche in eine schöne und für die Tiere spannende Felsenlandschaft verwandeln. Es gibt so viele unterschiedliche und schöne **Natursteine**, an denen sich auch unser Auge erfreut – umso mehr, wenn wir die Kaninchen dabei beobachten, wie sie über die Steine rasen, sich dahinter verstecken und ausgelassen und fröhlich sind.

Sammeln Sie mehrere Steine unterschiedlicher Größe, Form und Farbe und arrangieren Sie diese im Gehege – mal flach, mal hochkant, mal schräg, mal zu einem kleinen Steinhaufen, eventuell mit Höhle. Die Steine dürfen jedoch nicht wackeln und sollten keine scharfen Kanten haben, damit die Kaninchen sich daran nicht verletzen können. Hohlräume, in denen die Tiere stecken bleiben könnten, füllen Sie am besten mit Sand auf, in dem die Kaninchen dann zusätzlich noch buddeln können – schnell ist ein kleines Kaninchenparadies entstanden.

Baumstümpfe

Aus Baumstümpfen lässt sich viel machen. Wenn Sie Baumstümpfe einfach in das Gehege legen, können Sie Ihre Lieblinge dabei beobachten, wie sie darüber springen und ganz wild um die Hürden herumjagen. Ein paar ausgehöhlte Baumstämme machen das alles natürlich noch viel interessanter, denn darin können sich die Tiere gut verstecken, sich eine Runde ausruhen oder sie als Ausguck nutzen.

Wenn Sie an mehreren Stellen ein paar Löcher in den Stumpf bohren, können dort Zweige mit Blättern oder getrocknete Kräuter hineingesteckt werden, darüber freuen sich die Kaninchen bestimmt.

Besonders schön lassen sich mehrere unterschiedlich große Baumstümpfe arrangieren; man kann sie zum Beispiel in Form eines Dreiecks oder einer Treppe nebeneinander aufstellen, sodass die Kaninchen die Möglichkeit haben, von einem Stumpf zum anderen zu springen.

Sträucher, Kräuter & Co.

Ihren Kaninchenauslauf beziehungsweise das Freigehege können Sie auch mit verschiedenen Sträuchern, Kräutern oder Blumen bepflanzen, wodurch diese zu einem Blickfang im Garten werden. Ein Haselnussstrauch eignet sich hierzu besonders gut, da die Kaninchen gerne an den Zweigen knabbern und die Blätter fressen.

Kräuter, wie Petersilie, sind natürlich innerhalb kürzester Zeit abgefressen. Damit die Pflanzen sich erholen können, umstellen Sie den Stamm des Baumes oder Strauches mit etwas Gartenzaun, sodass die Kaninchen nicht an ihn herankommen und ihn abfressen. Der Draht sollte hier sehr feinmaschig sein, damit die Kaninchen nicht hindurch kommen und sich daran auch nicht verletzen. Stehen die Bäume nicht ganz aufrecht, nutzen die Kaninchen diese auch gerne als Kletterobjekt.

Möchten Sie keine Sträucher oder Bäume anpflanzen, können auch einzelne **Tannenzweige** oder Ähnliches das Gehege begrünen. Auch Ihren Weihnachtsbaum können Sie, sofern er nicht gespritzt wurde, auf diesem Weg gut entsorgen.

Blumen sehen zwar immer sehr schön aus, werden aber bei Ihren Kaninchen meist nicht lange überdauern. Möchten Sie trotzdem nicht auf den Schmuck verzichten und vielleicht Ihren Tieren eine Freude machen, können Sie folgende Blumen bedenkenlos im Gehege anpflanzen: Margeriten, Gänseblümchen, Sonnenblumen und Kapuzinerkresse. Alle Blumen sollten allerdings ungespritzt sein! Zwiebelgewächse wie Tulpen sind giftig für Kaninchen. Rosenblätter können Sie verfüttern, wenn sie aus dem eigenen Garten stammen. Sie haben eine heilende Wirkung und können sowohl frisch als auch getrocknet angeboten werden. Rosen aus dem Blumenhandel sind meist chemisch behandelt worden.

Wer **Weinreben** im Garten hat, wird diese öfter schneiden, da sie sich schnell ausbreiten. Sind sie unbehandelt, können sie damit bedenkenlos das Kaninchengehege verschönern und die Tiere knabbern gerne daran herum. Die dünnen berankten Äste lassen sich leicht am Gitter befestigen.

Es gibt eine Pflanze, die Kaninchen und auch andere Kleintiere sehr gerne fressen. Sie wird unter dem Markennamen Golliwoog® angeboten. Die Pflanze kann als Frischfutter im Fachhandel gekauft werden. Wird sie allerdings als Zimmerpflanze angeboten, sollten Sie nachfragen, ob beim Anbau Pflanzenschutzmittel zum Einsatz gekommen sind und im Zweifelsfall Ihren Tieren diese Pflanze nicht zum Fressen geben. Stellen Sie den Blumentopf mit Golliwoog® für längere Zeit in das Gehege, kann es passieren, dass die Kaninchen die Pflanze bis auf die Wurzeln abknabbern, sodass sie sich nicht mehr erholt. Am besten holen Sie den Topf nach einiger Zeit wieder aus dem Gehege oder schneiden immer ein wenig Grünzeug ab, um es an die Kaninchen zu verfüttern.

Golliwoog® – diese Pflanze aus Lateinamerika wird von den Kaninchen als Delikatesse geschätzt.

Golliwoog®

Golliwoog® (*Callisia repens*) ist eine Pflanze, die aus Lateinamerika stammt. Dort dient sie vielen Tieren in freier Wildbahn als Nahrung. Golliwoog® wächst in tropischen Gebieten und kann viel Wasser speichern. Sie deckt auch den Faserbedarf und ist somit gut für die Verdauung. Auch enthält Golliwoog® viele Mineralien.

Die besten Spielideen gegen Langeweile

Ein bisschen Spaß muss sein: Kaninchen sind viel zu intelligent und rege, um sich in einem Gehege, das ihnen keine Abwechslung bietet, nicht schnell zu langweilen. Beim Einrichten eines Kaninchen-Spielplatzes können Sie Ihren Einfallsreichtum und Ihre Spiel- und Bastelfreude ausleben. Ihre Lieblinge werden es Ihnen danken – vorausgesetzt natürlich, Ihre Spielideen beschäftigen die Tiere artgerecht. Und solange es ums Fressen, Knabbern, Hoppeln, Rennen, Buddeln und Männchenmachen geht, lassen sich die meisten Kaninchen sowieso nicht lange bitten. Ein angemessener Applaus für Ihre Mühe ist Ihnen also so gut wie sicher.

Übrigens, sollte das Selbermachen nicht so Ihre Sache sein, bietet mittlerweile jeder gut sortierte Zoofachhandel geeignetes Zubehör für viele der hier vorgestellten Spielideen an.

Unwiderstehliche Leckereien

Gemüse können Sie Ihren Kaninchen bedenkenlos täglich anbieten, zum Beispiel Mohrrüben, Fenchel, Gurken, Kohlrabiblätter oder Tomaten. Manche Gemüsesorten wie Salat sollten Sie jedoch nicht in zu großen Mengen füttern, da diese Pflanzen stärker Nitrat einlagern, was zu Durchfall führen kann. Besonders der Strunk des Salatkopfes sollte nicht verfüttert werden. Bei einem hohen Anteil an Möhren in der Futterration ist der Urin der Tiere orange gefärbt, das ist normal. Fressen die Kaninchen viel Gurke, kann die Trinkwasseraufnahme zurückgehen, da dieses Gemüse sehr viel Wasser enthält und den Bedarf der Tiere zu einem Großteil deckt. Petersilie oder das Kraut von Mohrrüben, Rettichen und Radieschen mögen die meisten Kaninchen sehr gern.

Obst dagegen stellt für Kaninchen eher eine Näscherei zwischendurch dar und sollte nicht täglich gefüttert werden. Bananen sind sehr zuckerhaltig und können zu Verstopfung führen. Bei Äpfeln und Birnen sollten die Kerne entfernt werden, da diese Blausäure enthalten. Steinobst, aber auch unreifes Kernobst hat im Kaninchenfutter nichts zu suchen.

Kaninchen lassen sich mit einfachsten Mitteln und ohne finanziellen Aufwand beschäftigen – beispielsweise indem Sie Futter aufhängen, statt es nur ins Gehege zu legen.

Heucobs & Co.

Ein gesundes Leckerli für zwischendurch sind sogenannte Heucobs. Das ist gehäckseltes und zu Würfeln gepresstes Heu, das die meisten Kaninchen gerne fressen. Zum Zahnabrieb eignen sich die Cobs aufgrund der geringen Faserlänge jedoch nicht, sodass sie keinesfalls einen Ersatz für Heu darstellen. Günstiger sind Heucobs für Pferde, die Sie Ihren Kaninchen natürlich auch anbieten können; allerdings sind die Bezugsmengen sehr groß. Neben Heucobs bietet der Handel auch Karottenpellets, Wiesengraspellets, Dillpellets oder getrocknete Brennnesselblätter an – probieren Sie doch einfach aus, was Ihren Kleinen am besten schmeckt, denn die Geschmäcker sind da sehr verschieden.

Unwiderstehliche Leckereien

Snackbälle sind in vielen Farben und Mustern erhältlich.

Mit leckeren Obststückchen können Sie Ihren Lieblingen ein- bis zweimal in der Woche eine Freude machen; die Futtergrundlage sollten jedoch Heu und Gemüse bilden.

Bälle für Feinschmecker

Zeit, dass sich was dreht: Bälle animieren nicht nur uns Menschen zum Spielen, sondern auch Kaninchen – erst recht, wenn Sie Leckerlis enthalten oder sogar gleich selbst weggeputzt werden können.

Snackball

In vielen Geschäften können Sie sogenannte Snackbälle kaufen. Diese gibt es für verschiedene Tierarten, zum Beispiel für Hunde und Katzen, und sind in vielen Farben und Mustern erhältlich. Der Snackball ist innen hohl, sodass man Trockengemüse, Heu oder Heucobs hineinfüllen kann. Die Größe der Öffnung, durch die die Tiere an das Futter gelangen, kann von Ihnen durch Drehen passend eingestellt werden. Die Kaninchen rollen den Ball hin und her, während sie versuchen, das Futter herauszuzupfen. Sie sollten darauf achten, dass die Kaninchen den Ball auch leer fressen. Andernfalls empfiehlt es sich, das alte Futter herauszuholen und den Ball zu reinigen, da sonst das Futter vergammelt und unerwünschte Besucher anlockt.

Futterball

Der Futterball eignet sich besonders als interessante Heuraufe, bei der die Tiere gefordert werden. Der Gitterball kann mit Heu oder auch Salat befüllt und im Gehege aufgehängt werden – das Männchenmachen, um an das Futter heranzukommen, ist eine gute Koordinationsübung für die Tiere und macht ihnen Spaß.

Futterbälle gibt es in verschiedenen Größen. Häufig hängen an den Futterbällen kleine Glocken oder Bälle; wenn sie das Gefühl haben, dass Ihre Tiere durch das Bimmeln erschreckt oder gestört werden, lassen sich die Glöckchen leicht entfernen. Der Futterball kann auch einfach in das Gehege gelegt werden, dann können ihn die Tiere hin und her rollen und bewegen sich dabei zusätzlich; allerdings müssen Sie ihn unter Umständen tief in deren Höhlen suchen, da sie ihren Schatz gerne verstecken.

Grasball

Eine schöne Beschäftigung für Kaninchen sind auch die sogenannten Grasbälle. Das sind Kugeln aus Gras, die von den Kaninchen komplett zerlegt und gefressen werden können. Im Handel sind allerdings oft Grasbälle erhältlich, deren Innengerüst aus Draht besteht. Ist das Gras außen herum abgefressen, können die Drahtschlingen zu einer gefährlichen Falle für die Tiere werden. Daher sollten Sie beim Kauf solcher Grasbälle unbedingt darauf achten, dass diese mit Gras und Zweigen und nicht mithilfe eines Drahtgerüstes stabilisiert werden.

Weidenbälle

Ursprünglich wurden Weidenbälle in Kauf- und Möbelhäusern zur Raumdekoration angeboten; bald aber hatten Kaninchenhalter die hübschen Kugeln für ihre kleinen Lieblinge entdeckt und seitdem sind sie sehr beliebt bei Kaninchenbesitzern. Die Weidenbälle werden von den Kaninchen herumgetragen, hin und her gerollt, sie versuchen darauf herumzuklettern und das Beste: Sie können von den Tieren vollständig zerlegt und aufgeknabbert werden. Allerdings ist darauf zu achten, dass die **Weiden unbehandelt** sind. Durch die Schlitze lassen sich die Weidenbälle auch gut mit Heu oder Stroh befüllen und so noch attraktiver gestalten.

Mit etwas Geschick können Sie sich Ihren individuellen Weidenball auch selber flechten, beispielsweise mit den biegsamen Zweigen eines Haselnussbaumes. So können Sie sicher sein, dass das Material unbehandelt ist; es kostet kein Geld und Löcher lassen sich mit frischen Zweigen schnell flicken.

Auch **Weidenringe** können im Handel oder auch über das Internet bezogen werden und die Kaninchen lieben es, die Ringe zu zerpflücken. Doch auch hier können Sie Geld sparen, wenn Sie selber Hand anlegen. Als Gerüst eignet sich ein biegsamer Ast, den Sie schnell mit einigen Weidenzweigen umwickelt haben. Sie können auch einige dünne, mit Blättern bewachsene Zweige einfügen und so noch mehr Abwechslung und Gaumenfreude schaffen.

Wer suchet, der findet!

Besonders junge Kaninchen haben einen sehr ausgeprägten Spieltrieb. Sie sind neugierig, untersuchen alles ganz genau und vor allem schubsen sie gerne Dinge durch die Gegend. Und wenn es dabei etwas für sie zu entdecken gibt – umso besser.

Klopapierrollen

Wer hat sie nicht im Haus – Toilettenpapier- oder Küchenrollen? Und warum sollten Sie diese wegwerfen, wenn Sie damit Ihren Kaninchen eine Freude machen können? Mit ein paar Handgriffen basteln Sie daraus ein interessantes Spielzeug für die Kleinen – zum Beispiel eine **mobile Heuraufe**. Stecken Sie dazu einfach etwas Heu oder auch Stroh in die Toilettenpapier- oder Küchenrolle und legen Sie diese in Ihr Kaninchengehege. Es sollte an beiden Seiten Heu überstehen, damit die Kaninchen gut daran herumzupfen können. Die Tiere werden die Rolle herumtragen und hin und her rollen, sie zupfen daran und werden versuchen, sie zu verbuddeln. Besonders interessant ist das Spielzeug, wenn in der Mitte einige Leckerlis – Möhren-, Apfel- oder Gurkenstückchen – versteckt sind. Die Tiere sind dann noch engagierter bei der Sache und beschäftigen sich intensiv mit ihrer neuen Aufgabe.

An Zweigen knabbern Kaninchen besonders gerne, vor allem wenn noch ein paar Blätter daran sind. Stechen Sie einfach einige Löcher in die Papierrolle und schieben Sie kleine Äste hindurch. Auf kahlen Ästen sind auch kleine Apfel- oder Möhrenstückchen eine leckere Beschäftigung für die Tiere.

Auch wenn die Papierrollen nicht mehr mit Naschereien bestückt sind, spielen die Kaninchen gerne mit ihnen.

Eierkartons
Ein schönes Futterversteck und Spielzeug sind auch Eierkartons, die jeder im Haushalt hat. Um es den Kaninchen zu erleichtern, an das Futter heranzukommen oder das Heu herauszuzupfen, können Sie von unten zusätzliche Löcher einschneiden. Werden Gemüse- oder Obststückchen darin versteckt, merken das die Kaninchen mit ihrem gut entwickelten Geruchsinn sofort und versuchen alles, um an das Objekt ihrer Begierde heranzukommen. Dabei sind sie sehr einfallsreich und es ist eine reine Freude, ihnen bei der „Arbeit" zuzusehen. Manche Kaninchen sind sehr schlau und haben schnell den Dreh raus, wie sie den Karton öffnen können; andere Tiere ziehen ihn erstmal quer durch das Gehege oder knabbern an ihm herum. Probieren Sie es aus und lernen Sie Ihre Kaninchen besser kennen.

Tannenzapfen
Mit Tannenzapfen können Sie eine tolle Snackbar für Ihre Tiere eröffnen. Dazu nehmen Sie zum Beispiel eine Mohrrübe und zerschneiden diese in viele kleine Stücke. Die Möhrenstücke können Sie nun in die Ritzen des Tannenzapfens stecken und die Snackbar Ihren Kaninchen anbieten.

Mit etwas Heu und einem Leckerli lassen sich Küchen- oder Toilettenpapierrollen mit wenigen Handgriffen in ein faszinierendes Spielzeug verwandeln.

Diese werden sich sehr anstrengen, die Leckerbissen herauszubekommen – das ist aber gar nicht einfach!

Sie können die Tannenzapfen auch als Parcours aufbauen, indem Sie diese einfach in einer Reihe oder in einer anderen Form aufstellen. Ihre Kaninchen können die Tannenzapfen dann umwerfen, darüber springen oder drumherum rennen.

Futterbox

Eine Futterbox ist einfach herzustellen. Sie benötigen nur einen Pappkarton mit einem Deckel und einige leckere Überraschungen wie Heu, Gras, Gemüse, Obst, Blätter oder Kräuter, die Sie in dem Karton verstecken. Die Kaninchen stehen nun vor der Aufgabe, die leckeren Sachen aus dem Karton zu bekommen. Dabei ist viel Geschick gefragt und die Kaninchen haben hierfür die cleversten und komischsten Ideen auf Lager. Allerdings gelingt das nicht jedem Kaninchen auf Anhieb, und damit auch die etwas weniger gewitzten Tiere ein Erfolgserlebnis verzeichnen, können Sie entweder Löcher in die Pappe schneiden, durch die die Tiere besser an den Inhalt gelangen, oder Sie schneiden in die Kanten des Deckels an verschiedenen Stellen Schlitze ein und lassen zum Beispiel ein Löwenzahnblatt oder ein paar Kräuter heraushängen, damit die Kaninchen diese herauszupfen können.

DUPLO Steine

Ein weiteres Spiel, das Sie mit Ihren Kaninchen spielen können, ist etwas ausgefallener. Sie verwenden dazu die Unterseite eines DUPLO Steines. Stecken Sie ein Leckerli in den Hohlraum und legen Sie den Stein mit der Öffnung nach unten wieder auf den Boden. Manche Kaninchen sind von diesem Versteckspiel begeistert, während andere sich nicht dafür interessieren.

Ist dies zu einfach für Ihr Kaninchen, probieren Sie es doch einmal

Markstammkohl mögen Kaninchen gerne, aber er sollte nicht zu oft und nur in geringen Mengen verfüttert werden.

mit mehreren DUPLO Steinen, verstecken Sie diesmal aber nur in einem der Steine ein Leckerli. Manche Kaninchen erschnuppern den Jackpot sofort, andere wiederum drehen erst einmal alle Steine um und finden so das Leckerli.

Da die DUPLO Steine aus Plastik sind, sollten sie daher nicht im Gehege der Tiere verbleiben, sondern nach dem Spielen wieder herausgenommen werden. Auch während des Spielens sollten Sie darauf achten, dass die Kaninchen das Plastik nicht anfressen.

Plastikflasche

Eine knifflige Aufgabe für Kaninchen ist es auch, Leckerlis wie Trockengemüse oder Heucobs aus einer Plastikflasche herauszubekommen. Das ist gar nicht so einfach, macht aber viel Spaß – auch dem Zuschauer. Die Flasche sollte nicht komplett gefüllt sein. Schon mit einer Handvoll Heucobs raschelt es verlockend, wenn die Kaninchen die Flasche auf dem Boden hin und her rollen. Die Öffnung der Flasche darf auch nicht zu klein sein, sodass beim Rütteln und Schubsen durch die Kaninchen immer ein paar Leckerlis herauspurzeln.

Auch die Plastikflasche sollte nach dem Spielen nicht im Kaninchengehege liegen bleiben, da die Tiere sonst daran herumknabbern.

Sich recken und strecken

Mit einfachen Mitteln und ohne finanziellen Extraaufwand können Sie in Ihrem Kaninchengehege ganz leicht abwechslungsreiche Beschäftigungsmöglichkeiten schaffen, die Ihre Tiere motivieren, sich mehr zu bewegen und ihre Motorik sowie speziell ihren Gleichgewichtssinn zu trainieren.

Futter aufhängen

Eine einfache, aber Abwechslung schaffende Idee: Hängen Sie Futter doch mal auf, statt es immer nur in einem Napf oder am Boden liegend zu servieren. Spannen Sie dazu eine Leine quer durch das Gehege, die Sie dann mit allerlei Leckereien, die ein Kaninchenherz höher schlagen lassen, reich behängen können: zum Beispiel mit getrockneten Brennnesselblättern, Gemüse- und Obststückchen, oder auch mal mit einem Apfel, dessen Kerngehäuse entfernt wurde. Die Tiere müssen sich schon etwas anstrengen, um ihre Belohnung zu erhalten und das macht ihnen sichtlich Spaß.

In Käfigen lassen sich einzelne Löwenzahnblätter oder anderes Futter mit Wäscheklammern leicht an der Käfigdecke befestigen. Die Kaninchen recken und strecken

---

Spiel und Spaß mit Grenzen

Bitte reichen Sie das Futter für Ihre Tiere nicht ausschließlich auf die hier vorgeschlagene spielerische Art. Die Grundration an Futter sollten Sie Ihren Tieren im Napf oder am Boden anbieten, damit auch jedes Tier seinen Teil aufnimmt. Auf die Dauer wäre die Futtereroberung zu anstrengend und manche Kaninchen ziehen dabei vielleicht den Kürzeren, wenn sie nicht gar so „sportlich" sind.

sich dann, um den Löwenzahn abzuknabbern.

Futterspieße, die senkrecht fixiert werden können, sind im Handel erhältlich, lassen sich mithilfe von dünnen Stöcken jedoch auch schnell selbst herstellen. Wenn man die kleinen Seitenzweige entfernt, lassen sich leicht Gurken-, Möhren-, Apfel- oder Birnenscheiben aufspießen.

Leckerlibaum

Beim Bau eines Leckerlibaumes können Sie Ihre Kreativität ausleben, außerdem sieht er im Gehege auch noch richtig gut aus. Nehmen Sie dazu ein Holzstück, das Sie auf einer Holzplatte befestigen, um die Standfestigkeit zu erhöhen. Wichtig dabei ist, dass die Holzplatte dick und groß genug ist, damit ihre Kaninchen den Baum nicht umwerfen können. Bohren Sie nun Löcher in den „Baumstamm", in die Sie Zweige hineinstecken können. An diesen Zweigen lassen sich dann verschiedene Futtermittel aufspießen, dranhängen oder dazwischenklemmen. Ein bisschen „Heulametta" macht optisch was her und eignet sich zum Herumknabbern, ohne dass die Tiere sich überfressen. Löwenzahnblätter, Brennnesselblätter oder getrocknete Kräuter bereichern den Speiseplan Ihrer Tiere. Wenn Sie kein geeignetes Holzstück zur Hand haben, eignen sich auch Rundhölzer, die Sie auf die gewünschte Länge zuschneiden können.

Möhrenhalter

In Fachgeschäften können Sie für Kaninchen oder auch Meerschweinchen spezielle Möhrenhalter kaufen. Die Halter sind aus Metall und können mit Haken an das Gehegegitter

gehängt werden. Die Öffnungen sind groß genug, sodass auch mehrere Kaninchen gleichzeitig am leckeren Gemüse zupfen können. Die Blätter der Möhre sollten Sie nicht entfernen, da viele Kaninchen diese besonders gerne fressen. Wenn Sie den Möhrenhalter nicht zu tief aufhängen, können die Kaninchen hier ihren Gleichgewichtssinn trainieren.

Futterecken

Statt in einer Ecke des Geheges normale Futternäpfe aufzustellen, können Sie Ihrer Fantasie auch bei der Gestaltung einer richtigen Futterecke freien Lauf lassen. Mit verschiedenen

Auch nach einem Obstspieß streckt sich jedes Kaninchen gerne.

Ästen, Steinen und Wurzeln können Sie ein kleines Areal abgrenzen. Auf dieses Astgerüst stecken Sie nun nach Lust und Laune Obst- und Gemüsestücke, die die Tiere sich dann erobern müssen. Sie können Salatblätter aufspießen, Möhren-, Gurken-, Apfel- oder Bananenscheiben dazwischenstecken und vieles mehr. Manche Kaninchen werden sich ihre Beute sichern und sich dann zum Fressen an einen ruhigeren Ort zurückziehen – aber sie kommen sicher gerne wieder.

Knabberspaß

Obwohl Kaninchen gerne und viel knabbern und nagen, sind sie keine Nagetiere, sondern gehören zur Familie der Hasenartigen. Das Nagen ist ein natürlicher Trieb der Tiere. Seien Sie Ihrem Kaninchen also nicht böse, wenn es an Ihren Möbeln knabbert, denn dahinter steckt keine böse Absicht und auch keine Zerstörungswut. Sie versuchen nur ihre nachwachsenden Zähen abzunutzen. Manchmal ist es aber auch Lange-

Im Fachhandel erhältlich: Möhrenhalter aus Metall, die am Gehegegitter befestigt werden können.

> **Auswahl der Zweige**
>
> Bei Zweigen ist darauf zu achten, dass die Bäume nicht gespritzt wurden oder für Kaninchen unverträglich sind, wie es bei Obstgehölzen manchmal der Fall ist. Unreife Früchte sollten von den Ästen entfernt werden, da sie noch Inhaltsstoffe enthalten können, die die Tiere nicht gut vertragen. Die Zweige folgender Bäume werden von den Kaninchen gerne gefressen: Apfelbaum, Birnenbaum, Haselnuss, Johannisbeere. Zweige von Thuja, Eibe und Stechpalme sowie Efeu und Mistelzweige sind für Kaninchen giftig und dürfen daher nicht verfüttert werden.

weile, weil das Kaninchen alleine lebt und nichts mit sich anzufangen weiß. Wenn die kleinen „Nager" sich an Ihrer Einrichtung vergehen, können Sie versuchen, das Verhalten durch regelmäßiges Wegscheuchen abzustellen – manche Tiere verstehen dann, dass sie nicht an diesen Gegenständen knabbern dürfen. Sinnvoller ist es jedoch, den Tieren ausreichend **Alternativen zum Knabbern** anzubieten – lange Zweige mit Blättern beispielsweise können Sie in den Auslauf oder in den Käfig legen oder aufrecht durch das Gitter stecken. In einem Gitterkäfig können Sie diese an die Decke hängen, denn Äste liegen in der Natur ja auch nicht auf dem Boden. Nebeneinander an die Wand gelehnt, kann so eine kleine Höhle entstehen. Die Blätter sind dabei eine leckere Mahlzeit.
Die Zweige werden von vielen Kaninchen angekaut oder gar die gesamte Rinde abgeknabbert. Für große Gehege eignen sich auch dicke Äste von Bäumen. Bei Sturm fallen diese manchmal ab und dann kann man sie gut ins Gehege legen. Ihre Kaninchen können daran nicht nur knabbern, sondern auch über die dicken Äste springen und darauf herumklettern. Ein richtiger Baumstamm ist in einem Gehege auch ein schöner Blickfang.

Nagerteppich

Im Fachhandel sind auch sogenannte Nagerteppiche erhältlich. Diese dienen nicht nur als Schlafunterlage, sondern werden gerne angeknabbert und durch die Gegend geschleppt, denn Kaninchen bestimmen am liebsten selber, wo was zu stehen hat in ihrem Revier.

Beim Kauf sollten Sie darauf achten, dass der Teppich natürlich und umweltfreundlich gefertigt wurde, da die Kaninchen ihn – wie gesagt – anknabbern. Angeboten werden zum Beispiel Flachsmatten, Grasmatten und Hanfmatten.

Holzspielzeuge

Für Ihre Kaninchen können Sie ohne großen Aufwand auch etwas selber basteln. Dazu brauchen Sie nur unbehandeltes Holz und Werkzeug. Damit lassen sich nicht nur Kaninchenhäuser und Ställe anfertigen, sondern auch Spielzeug für Ihre Tiere.

Plastikgegenstände sind für Kaninchen weniger geeignet, aber leider werden im Fachgeschäft meistens Plastikspielzeuge angeboten. Die Kaninchen knabbern an allem herum, was ihnen unter die Nase kommt und leicht können Plastik-

splitter in den Magen gelangen und zu Problemen führen. An unbehandeltem Holz dürfen Ihre Lieben allerdings nach Herzenslust knabbern, ohne dass Sie sich Sorgen machen müssen.

Holzmobile
Schneiden Sie aus einer dickeren Holzplatte mehrere Vierecke, Kreise oder andere Formen aus und bohren Sie in jedes Holzstück ein kleines Loch. Nun können Sie die Hölzchen entweder einfach an einer Kordel aufreihen – am besten eignet sich eine Naturkordel –, die Sie dann quer durch das Gehege spannen und gut verknoten. Die Kaninchen freuen sich aber auch, wenn Sie das neue Spielzeug einfach in das Gehege legen, sodass sie es anknabbern, durch die Gegend tragen und verstecken können. Alternativ lässt sich mit einigen dünnen Ästen ein Mobile basteln, an dem Sie die Holzteile mithilfe einer Kordel in unterschiedlicher Länge befestigen. Die Kaninchen recken sich nun, um das neue Spielzeug genau zu untersuchen und zu beknabbern.

Einfach und günstig

Kaninchen glücklich zu machen ist gar nicht schwer und vor allem nicht teuer. Und oft sind es die unscheinbarsten Dinge, mit denen man im Kaninchengehege große Freude verbreiten kann.

Die Knabberleiter
Eine Knabberleiter ist schnell gebaut. Sammeln Sie dazu verschiedene Stöcke und binden Sie diese mit einer Naturkordel zu einer Leiter zusammen. Die Stöcke für die Leitersprossen sollten nicht zu dünn sein, da sie sonst sehr schnell durchgenagt sind und von Ihnen erneuert werden müssen. Die Kaninchen können an den Sprossen gut ihre Zähne ab-

Aus unbehandeltem Holz lassen sich nicht nur Häuser, sondern auch Spielzeug anfertigen.

nutzen. Die Länge und die Breite der Knabberleiter können Sie genau an die Platzverhältnisse in Ihrem Gehege anpassen. Nun müssen Sie die Leiter nur noch mithilfe eines Stücks Naturkordel am Gehegegitter aufhängen.

Ein Kuschelberg zum Anknabbern

Ein großer Haufen Stroh oder Heu – da können die meisten Kaninchen nicht widerstehen. Es macht viel Spaß, den Tieren dabei zuzusehen, wie sie sich darin Höhlen bauen, verstecken, genüsslich an den Zweigen knabbern und wie sich der Kuschelberg manchmal einfach wie von Geisterhand bewegt.

In diesem **Heu- oder Strohberg** können Sie für Ihre Lieblinge Leckereien verstecken. Allerdings sollten Sie kein feuchtes Futter wie Gurkenstücke oder Tomatenscheiben hineinlegen, sondern eher Möhrenstücke oder Chicoreeblätter. Denn das Stroh würde die Feuchtigkeit aufnehmen, was für die Kaninchen dann auch nicht mehr angenehm ist.

In einem größeren Außengehege kann man den Kaninchen auch einen kompletten Heu- oder Strohballen anbieten, wobei die synthetischen Kordeln vorher beseitigt werden sollten. In einem solchen kompakten Ballen können richtige Höhlenkomplexe entstehen und die Kaninchen haben viel Freude und Beschäftigung daran.

Alte Tücher und Kleidung wiederverwenden

Kaninchen lieben es zu buddeln und zu graben. Das liegt an ihrem ausgeprägten Wühltrieb. In der freien Natur würden sie in der Erde graben, was in der Wohnung oder in einem Dauergehege natürlich nicht geht – es sei denn, Sie stellen den Tieren eine zum Beispiel mit Sand gefüllte Buddelkiste zur Verfügung (siehe Seite 54).

Ersatzweise können Sie Ihren Kaninchen auch eine Kiste in das Gehege stellen, die mit alten Decken, Kleidungsstücken oder Handtüchern gefüllt ist. Darin verstecken sich die Tiere gerne und wühlen darin rum. Allerdings sollten Sie, wenn Sie eine solche Kiste bereitstellen, diese ab und an kontrollieren, um sicherzugehen, dass das **Wühlparadies** nicht als Kaninchenklo missbraucht wird. Wenn die Kaninchen nicht stubenrein sind, muss der Inhalt regelmäßig gewechselt werden, um unhygienische Bedingungen und unangenehmen Geruch zu vermeiden.

Alte Tücher und Kleidungsstücke können Sie auch einfach auf den Boden des Geheges legen, denn Kaninchen schleppen die Sachen

> **Kaninchen müssen knabbern**
>
> Anders als bei uns Menschen wachsen die Zähne der Kaninchen ständig nach. Deshalb müssen die Tiere ausreichend Gelegenheit haben, ihre Zähne abzunutzen, damit sie nicht zu lang werden. Heu ist wichtig für den Zahnabrieb, da es rohfaserreich ist und die Tiere es gut mit den Backenzähnen zermalmen müssen. Auch das Knabbern an Zweigen und Stroh unterstützt den Zahnabrieb.
>
> Bitte verfüttern Sie kein hartes Brot – es nutzt die Zähne kaum ab, da es im Mund aufweicht und dann nur ungesunde Kohlenhydrate liefert. Trockenfutter ist für einen gesunden Zahnabrieb ebenfalls nicht geeignet, denn es wird zerquetscht und dann geschluckt, und bietet somit auch keinen Mahlwiderstand. Es sei also noch einmal gesagt, Heu darf aus diesem Grund bei der Kaninchenernährung nicht fehlen.

auch sehr gerne herum, verstecken sich darunter oder benutzen die weichen Textilien als Kuschelplatz.

Spielen Sie doch mit!

Sie finden es mit der Zeit etwas unbefriedigend, Ihren Tieren beim Spielen immer nur zuzuschauen? Dann spielen Sie doch einfach mit. Das ist auch für die Kaninchen eine interessante Abwechslung. Damit aber auch Ihre kleinen Freunde daran Freude haben – müssen die Tiere **Vertrauen** zu Ihnen haben und dürfen nicht zu scheu sein. Viele der folgenden Anregungen, wie Sie sich mit Ihren Kaninchen beschäftigen können, werden Ihnen helfen, dass die Tiere ihr Vertrauen zu Ihnen festigen und Sie einen noch besseren Kontakt zu ihnen aufbauen können.

Übrigens, wenn Sie Ihre Kaninchen in einem Käfig mit Freilauf halten, dann sollten Sie auf gar keinen Fall ständig mit der Hand hineinlangen und den Tieren Streicheleinheiten aufzwingen, denn das kann ihnen Angst machen. Auch sollten Sie nicht von oben in das Gehege greifen beziehungsweise die Tiere zumindest vorher darauf vorbereiten, indem Sie sie ansprechen. Die meisten Kaninchen mögen es auch nicht, ständig auf den Arm genommen zu werden. Der Käfig ist das Revier der Tiere und da er sehr klein ist, können die Kaninchen dort nicht ausweichen. Sie bekommen Angst und es kann passieren, dass sie zubeißen, wenn Sie ihnen zu nahe kommen.

Anders ist die Situation im Auslauf. Falls dessen Größe es zulässt, können Sie diesen ruhig betreten, sich zu Ihren Kaninchen setzen und diese erst einmal **beobachten**. So gewöhnen sich die Tiere an Ihren Geruch und merken sich ihn. Die Neugierde tut oft den Rest dazu: Die Kaninchen werden schon bald auf Sie zukommen, Sie **beschnuppern** und vielleicht hüpfen sie sogar auf Ihren Schoß. Lassen Sie die Tiere an Ihrer Hand schnuppern und versuchen Sie ab und an, sie zu berühren und zu **streicheln**. Entziehen die Kaninchen sich den Berührungen, dann akzeptieren Sie dies. Mit **Spielideen** wie „Hol das Leckerli" schwinden die Hemmungen meist schnell – auch bei Kaninchen geht Liebe eben durch den Magen. Reden Sie leise mit den Kaninchen, damit Sie sich Ihre **Stimme einprägen**. Machen Sie keine schnellen und abrupten Bewegungen, denn das könnte die Tiere erschrecken. Haben sich die Tiere an Sie und Ihre Hand gewöhnt, dann machen auch schnelle Bewegungen den meisten von Ihren kleinen Freunden nichts mehr aus.

Denken Sie daran, dass Sie als ersten Schritt gegenseitiges Vertrauen aufbauen müssen, und dass Zwang nur das Gegenteil bewirkt. Wenn Sie die Kaninchen bedrängen, verschrecken Sie sie und sie betrachten Sie unter Umständen gar als Eindringling oder als Feind. Sie brauchen am

Erste Kontakte

Sollten Sie erst planen, Kaninchen zu sich zu nehmen, ist es vorteilhaft, wenn die Tiere sich vorher langsam an Sie gewöhnen können. Sie können sie beim Züchter besuchen, sodass sie sich an Ihren Geruch und an Ihre Stimme gewöhnen. Auch im Tierheim lässt sich ein erster Kontakt aufbauen und Sie können sich erstmal in Ruhe „beschnuppern".

Geben Sie ihnen Zeit – das Vertrauen Ihrer Kaninchen zu Ihnen muss wachsen.

Anfang vor allem viel **Geduld** und **Zeit**. Sie sollten so oft es geht das Gehege betreten und sich ruhig hinsetzen. Das müssen keine drei Stunden am Stück sein, immer mal wieder 10 bis 20 Minuten sind wesentlich effektiver.

Wichtig ist auch, dass Sie den Kaninchen die Möglichkeit zur Flucht offen halten, indem Sie im Gehege ausreichend Verstecke platzieren und die Tiere nicht in die Enge treiben. Können die Kaninchen Ihnen nämlich nicht ausweichen, kann es zu Abwehrhandlungen wie Beißen kommen.

Nach einiger Zeit werden sich die Kaninchen so an Ihre Anwesenheit gewöhnt haben, dass sie angelaufen kommen, sobald Sie das Gehege betreten – natürlich auch in der Hoffnung, ein Leckerli abzustauben. Sie werden dann beschnuppert, beleckt, die Kaninchen legen sich zu Ihnen und krabbeln auch auf Ihnen herum. In dieser Zeit können Sie die Tiere auch ungestört streicheln.

Hol das Leckerli

Ein guter Weg, eine Beziehung zu seinen Kaninchen aufzubauen, führt über das Futter; dabei sollten Sie die Tiere allerdings nicht nur aus der Hand füttern und sie somit zwingen, auf Sie zuzukommen. Beobachten Sie die Eigenarten Ihres Kaninchens und akzeptieren Sie diese; ein schüchternes Tier sollte nicht bedrängt werden.

Wenn Sie Ihre Tier aufmerksam beobachten, dann haben Sie schnell raus, was diese gerne mögen. Am besten legen oder setzen Sie sich in das Gehege und geben den Tieren so die Möglichkeit, sich langsam an Sie zu gewöhnen. Locken Sie die Tiere mit **Leckerbissen** und werfen Sie diese den Kaninchen zu, wenn sie sich noch nicht trauen, Ihnen aus der Hand zu fressen – das kommt mit der Zeit ganz von allein. Bei schüchternen Tieren bietet es sich an, dass Sie die Futterstücke erst in größerem Abstand um sich herum legen und

Folgende Doppelseite: Hol das Leckerli! Liebe geht durch den Magen – auch beim Spielen.

Spielen Sie doch mit!

> **Griff in die Trickkiste**
>
> Es ist vorteilhaft, kleine Stücke vom Lieblingsgemüse oder -obst anzubieten, sodass die Kaninchen diese schnell auffressen und dann noch näher heran kommen, um sich bei Ihnen noch ein Leckerli abzuholen.

dann nach und nach den **Kreis aus Futterstückchen** immer enger um sich herum ziehen, damit sich die Tiere langsam nähern können und merken, dass von Ihnen keine Gefahr droht. Später können Sie die Leckerlis sogar auf Ihre Hand legen, sodass die Tiere schließlich auch Körperkontakt zu Ihnen aufnehmen. Es wird nicht lange dauern, bis Sie freudig empfangen und begrüßt werden, sobald Sie das Gehege betreten.

Zahme oder mutige Tiere werden gleich auf Sie zukommen und sich von Ihnen aus der Hand füttern lassen, zum Beispiel mit einer Möhre oder einem Apfelschnitz.

Sie können Leckerlis aber auch in die Höhe halten. Manche Kaninchen recken und strecken sich dann soweit sie können und manchmal springen sie auch hoch, um sich das Futterstück zu schnappen. Dazu können Sie auch einen Bund Petersilie an ein Seil binden und es über die Kaninchen halten. Übrigens können Sie die Tiere so auch über Hürden – zum Beispiel kleinere Baumstämme – locken.

Eine andere Spielvariante besteht darin, dass Sie Leckerlis in verschiedene Richtungen werfen. Die Kaninchen werden dann sofort lospurten und nach dem begehrten Leckerli suchen.

Grab nach dem Leckerli

Wenn Sie Ihren Kaninchen einen Platz zum Buddeln anbieten, beispielsweise einen Sandkasten, können Sie die Buddelkiste im wahrsten Sinne des Wortes „schmackhafter" und interessanter machen, indem Sie verschiedene Leckerlis wie Möhren- oder Rote-Rüben-Stücke darin vergraben – am Anfang noch nicht so tief, später können Sie das Futter dann immer tiefer verstecken. Mit Freude buddeln viele Kaninchen nach den leckeren Sachen, und Sie brauchen keine Bedenken haben – anders als uns Menschen stört es Kaninchen nicht, wenn Dreck am Futter ist; sie fressen ja schließlich auch vom Boden. Oft schieben sie den Sand auch mit den Lippen weg, sodass er gar nicht von den Tieren aufgenommen wird. Da die Kaninchen einen sehr guten Geruchssinn haben, können sie leicht alles Essbare im Auslauf finden. Sie können Gerüche sehr gut unterscheiden und wissen immer, wo ihre Lieblingsspeise versteckt ist.

Such nach dem Leckerli

Futter immer nur im Napf zu reichen, ist doch langweilig. Besonders wenn Sie mehrere Tiere haben, kann es problematisch werden, wenn nicht jedes Tier seinen eigenen Fressplatz hat und es so beim Füttern ständig zu Streitereien kommt. Versuchen Sie einmal im Käfig, Gehege oder Auslauf das Frischfutter zu verstecken und beobachten Sie anschließend, wie Ihre Kaninchen nach den Leckerbissen suchen. Sie werden merken, wie schlau und schnell die Tiere bei der Bewältigung dieser Aufgabe sind.

Verstecktes Futter, das von den Tieren (absichtlich) nicht gefunden wurde, da sie es nicht gerne fressen, sollten Sie aus dem Gehege entfernen, da es bald anfängt zu faulen und Ungeziefer anlockt.

Hindernisparcours

Ein kleiner Parcours mit verschiedenen Hindernissen ist schnell aufgestellt. Dazu können Sie die vorhandenen Einrichtungsgegenstände, wie Häuschen, Röhren usw., verwenden, aber auch Pappkartons oder Baumstümpfe. Mit einem langen Ast, an dem noch einige leckere Blätter hängen, lassen sich die Kaninchen von Ihnen leicht über jedes Hindernis locken.

Eine gute Übung ist es für die Kaninchen auch, wenn Sie den Ast langsam nach oben bewegen, damit die Tiere sich aufstellen müssen, um an den Blättern zu knabbern. Lassen Sie die Kaninchen bei diesem Spiel zwischendurch immer mal wieder knabbern, das fördert die Motivation und ist eine verdiente Belohnung.

Kaninhop

In den letzten Jahren hat sich auch bei uns eine Sportart etabliert, die sich zunehmender Beliebtheit bei Kaninchenhaltern erfreut: das Kaninhop. Dabei haben die startenden Kaninchen in kürzest möglicher Zeit einen Hindernisparcours zu absolvieren. Einige Halter sind bei diesem Wettkampfsport sogar schon als Profis im Geschäft und starten mit ihren Tieren längst nicht mehr nur zum Vergnügen.

Es ist allerdings nicht in erster Linie diese wachsende Professionalisierung, weswegen das Kaninhop von vielen Kaninchenfreunden scharf kritisiert wird, sondern die Tatsache, dass viele Kaninchen zu diesem Sport mehr oder weniger gezwungen und ihnen dazu Geschirr und Leine angelegt werden.

Es sei hier aber auch betont, dass zahlreiche Halter den Kaninhop-Parcours nur für lockere, zwanglose Fitnessübungen nutzen und dabei zusammen mit ihren Tieren viel Spaß haben.

Der Ursprung

Entstanden ist das Kaninhop in Schweden, der Name allerdings stammt aus dem Dänischen. In

Hindernisse aus einfachsten Materialien sind in jedem Gehege schnell aufgestellt.

Schweden hatte ein Züchter vor Jahren damit begonnen, seine Kaninchen über Hindernisse springen zu lassen. Dies machte die Runde, gelangte schließlich nach Dänemark und wurde von anderen Ländern und deren Züchtern übernommen. Wie man sieht, wurde dieser Sport von Züchtern und nicht von Hobby-Haltern ins Leben gerufen. Anders als Hobby-Halter haben Züchter oft nicht die Möglichkeit, für alle ihre Kaninchen großzügige Gehege zu errichten. Viele nutzen das Kaninhop gezielt, um ihren Tieren mehr Bewegung zu verschaffen.

Die Hauptdisziplinen

Es gibt vier Hauptdisziplinen bei diesem Sport. Zum einen gibt es die **gerade Hindernisbahn**. Dort sind dann Hindernisse aufgereiht, über die das Kaninchen nacheinander springen muss. Des Weiteren gibt es den **nummerierten Hindernisparcours**, bei dem das Kaninchen auf einem vorgegebenen Weg von A nach B muss. Vor allem diese Disziplin ruft die Kritiker auf den Plan, da der Besitzer seinem Kaninchen mit der Leine die Richtung angeben muss, da das Kaninchen ja nicht weiß, welches Hindernis als Nächstes zu absolvieren ist. Leider ist immer wieder zu beobachten, dass erfolgshungrige Besitzer im Wettkampffieber mit der Leine an ihrem kleinen Tier herumzerren, um in einer möglichst siegträchtigen Zeit die Ziellinie zu überqueren. Die dritte Disziplin ist der **Weitsprung**, die vierte der **Hochsprung**.

In Schweden und Dänemark wird das Kaninhop noch einmal in vier Schwierigkeitsklassen unterteilt und zwar in Leicht, Mittel, Schwer und Elite.

Kaninhop bitte ohne Zwang!

Generell sollten Sie als Halter Ihre Kaninchen nie zu etwas zwingen, was diese gar nicht wollen. Das gilt natürlich besonders für das Kaninhop. Die wenigsten Kaninchen mögen das Geschirr und schon gar nicht die Leine. Es gibt auch keinen wirklich stichhaltigen Grund, warum man seine Tiere an Wettkämpfen teilnehmen lassen sollte. Wer seine Kaninchen artgerecht beschäftigen und ihnen zusätzliche Bewegung verschaffen will, kann dies völlig zwang- und problemlos im Gehege oder im Auslauf zu Hause tun. Zumal Wettbewerbe bei sehr vielen Tieren **Stress** verursachen: Die unbekannte, laute und turbulente Umgebung macht ihnen **Angst** und die vielen fremden Tiere in ihrer Nähe wecken bei ihnen **Aggressionen**, die sie nicht abbauen können, da sie keine Gelegenheit haben, mit den Artgenossen die Rangfrage zu klären.

Kaninchen sind von ihrem Wesen her Fluchttiere. Von sich aus würden sie sich niemals einem so hektischen Ort wie einer Wettkampfstätte nähern. Der Grundgedanke des Kaninhop ist zwar zweifellos richtig: Kaninchen sollen springen, aber Kaninchen springen in einem großen, attraktiv eingerichteten Gehege oder Auslauf genauso viel und mit viel mehr Freude und ohne Stress, weil es im Spiel mit dem ihnen vertrauten Menschen und in ihrer gewohnten Umgebung geschieht. Und Geschirr und Leine braucht man daheim sowieso nicht.

Kaninhop light

Wenn Sie zu Hause mit Ihren Kaninchen das Überspringen von Hindernissen trainieren wollen, sollten Sie mit einer **niedrigen Höhe** beginnen,

zum Beispiel mit fünf Zentimetern. Verstellbare Hindernisse können Sie leicht bauen, aber auch kaufen, und sie lassen sich einfach im Gehege oder im Auslauf integrieren. Weiß das Kaninchen nicht recht, was es tun soll, können Sie es anfangs über das Hindernis heben. Das Kaninchen lernt dann, dass es über das Hindernis hüpfen soll. Sie können Ihr Kaninchen auch einfach mit einer „Leckerli-Angel" über das Hindernis locken, indem Sie an einen längeren Ast ein Möhren- oder Apfelstückchen binden. Aber auch hier gilt: Wenn das Kaninchen nicht springen will, sollten Sie das akzeptieren und es nicht dazu zwingen.

Schließlich können Sie die Hindernishöhe langsam steigern; die **maximale Höhe** beim Springen beträgt 25 Zentimeter. Kaninchen springen zwar locker einen Meter hoch, tun das von sich aus aber nur, um auf einen Gegenstand zu springen und nicht darüber. Denn man darf nicht vergessen, dass es auf der anderen Seite ja sonst auch einen Meter in die Tiefe springt. So hohe Hindernisse versuchen Kaninchen von Natur aus eher zu umgehen.

Bei hohen Temperaturen sollten Sie auf das Springen ganz verzichten, da dies eine Belastung für die Tiere darstellt.

Der **Untergrund** beim Kaninhop sollte weich sein. Rasen oder Teppich sind gut geeignet, da sich die Tiere bei hartem Boden die Gelenke verletzen können.

Achten Sie darauf, dass Ihre Kaninchen freiwillig über die Hindernisse hüpfen, und verzichten Sie darauf, Ihren Tieren Geschirr und Leine anzulegen.

Verzeichnisse

Literatur

Bücher

Ahrens, P./Kuhn, R./Volk, F.: Fotobuch Kaninchen – 570 Fotos für die Praxis. Eugen Ulmer Verlag, Stuttgart 2007.

Ahrens, P./Wolters, J.: Taschenatlas Kaninchen. Verlag Eugen Ulmer, Stuttgart 2006.

Alderton, D.: Kaninchen und Meerschweinchen. Kynos Verlag, Mürlenbach/Eifel 1995.

Altmann, F.D.: Zwergkaninchen – intelligent, munter, fit. Verlag Eugen Ulmer, Stuttgart 2005.

Altmann F.D.: Zwergkaninchen. Verlag Eugen Ulmer, Stuttgart 2007.

Beck, P.: Liebenswerte Zwergkaninchen. Franckh-Kosmos Verlag, Stuttgart 2002.

Dreyer, S.: Mein Zwergkaninchen zu Hause. bede-Verlag, Ruhmannsfelden 1998.

Grün, P.: Kaninchen halten. Verlag Eugen Ulmer, Stuttgart 1999.

Lackenbauer, W.: Kaninchenfütterung – tiergerecht, naturnah, wirtschaftlich. Oertel und Spörer, Reutlingen 2001.

Reber, U.: Kaninchenhaltung – Das Handbuch für die Praxis. Oertel und Spörer, Reutlingen 2003.

Seim, S.: Kaninchen. Verlag Eugen Ulmer, Stuttgart 2007.

Thormann, L.: Kaninchenställe und Stallanlagen – Selbstbau leicht gemacht. Oertel und Spörer, Reutlingen 2005.

Verholf-Verhallen, E.: Kaninchen- und Nagetiere-Enzyklopädie. Edition Dörfler im Nebel Verlag, Eggolsheim o. J.

Warrlich, A.: Meine Zwergkaninchen. Franckh-Kosmos Verlag, Stuttgart 2004.

Wegler, M.: Mein Zwergkaninchen. Gräfe und Unzer Verlag, München 2006.

Wegler, M.: Zwergkaninchen – glücklich und gesund. Gräfe und Unzer Verlag, München 2002.

Winkelmann, J.: Kaninchenkrankheiten (2. Auflage). Verlag Eugen Ulmer, Stuttgart 2006.

Zeitschriften

Das Blaue Jahrbuch. Hrsg.: Verlaghaus Oertel & Spörer, Reutlingen.

Das Grüne Jahrbuch. Hrsg.: Rassezuchtverband Österreichischer Kleintierzüchter.

Ein Herz für Tiere, Gong Verlag, Ismaning.

TierBILD, Axel Springer Verlag, Hamburg.

Adressen

Zentralverband Deutscher Kaninchenzüchter (ZDK)
Oskar Leicht
Maulbronner Str. 21
D-75248 Ölbronn-Dürrn
www.kaninchenzucht.de

Rassezuchtverband Österreichischer Kleintierzüchter (RÖK)
Geschäftsstelle:
Dr.-Karl-Lueger-Ring 14/II
A-1010 Wien
www.kleintierzucht-roek.at

Schweizerischer Rassekaninchenzucht Verband (SRKV)
c/o Armin Wyss
Sonnenau 125 a
9108 Gonten
www.sgk.org

Deutscher Tierschutzbund e. V.
Baumschulallee 15
D-53115 Bonn
www.tierschutzbund.de

Literatur & Adressen

Österreichischer Tierzuchtverein
Kohlgasse 16
A-1050 Wien
www.tierschutzverein.at

Schweizer Tierschutz (STS)
Dornacherstr. 101, Postfach
CH-4008 Basel
www.tierschutz.com

Internet

www.kaninhop.com
(Shop und Infos zum Thema Kaninhop)

www.kaninchenweb.de
(Informationen zu Ernährung, Haltung, Verhalten und Gesundheit)

www.kaninchenzucht.de
(Internetseiten des Zentralverbands Deutscher Kaninchenzüchter)

www.nager-info.de
(Allgemeine Informationen über Nagetiere sowie häufig gestellte Fragen)

www.kleintierzucht-roek.at
(Internetseiten des Rassezuchtverbandes Österreichischer Kleintierzüchter)

www.sgk.org
(Internetseiten des Schweizerischen Rassekaninchenzucht Verbandes)

www.tieraerzteverband.de
(Websites des Bundesverbandes praktizierender Tierärzte)

www.vetpharm.uzh.ch
(Umfassende Datenbank zum Thema Vergiftung)

www.zwergkaninchen.info
(Alles über Zwergkaninchen, inkl. kostenlosen Kleinanzeigenmarkt)

Bildquellen

Fotos

Frey, Christina: S. 20, 32, 57, 65, 69, 77, 78
Kuhn, Regina: Umschlagfoto, S. 1, 2, 3, 5, 7, 9, 10, 13, 14, 15, 21, 22, 26, 28/29, 38, 41, 42/43, 44, 47, 51, 52, 58/59, 60, 63, 66, 71, 72, 74, 75, 80, 83, 84/85, 87, 89, 91
Limbrunner, Alfred: S. 40
Redeleit, Wolfgang: S. 35
Volk, Fridhelm: S. 6, 39

Zeichnungen

Die Zeichnungen für dieses Buch erstellte Christiane Gottschlich, Berlin.

Dank

Ganz herzlich bedanke ich mich bei meinen Eltern, die mich nicht nur beim Schreiben dieses Buches, sondern auch bei der Umstellung meiner früheren Kaninchenhaltung und beim Bau des großen Geheges unermüdlich unterstützt haben.

Aber auch meinen Großeltern schulde ich großen Dank. Sie haben mich, als ich als Kind mit der Kaninchenhaltung begann, mit viel Geduld, Verständnis und Engagement an die verantwortungsvolle Aufgabe einer artgerechten Haltung herangeführt – zu einer Zeit also, als ich noch nicht wusste, wie der Hase läuft.

Des Weiteren gebührt meiner Schwester Dank, die sich mit mir um unsere zehnköpfige Rasselbande kümmert, und selbstverständlich danke ich all jenen, deren Kaninchen bei uns ein neues zu Hause mit vielen neuen Freunden gefunden haben.

Christina M. Frey

Die Autorin

Christina M. Frey lebt in Ostfriesland.
Die sozialpädagogische Assistentin und angehende Erzieherin hält seit mehr als zehn Jahren Zwergkaninchen. Die artgerechte Haltung von Kaninchen ist ihr ein besonderes Anliegen. Dazu entwickelt sie seit Jahren Beschäftigungs-, Spiel- und Einrichtungsideen.

Haftungsausschluss: Die Autorin und der Verlag haben sich um richtige und zuverlässige Angaben bemüht. Fehler können jedoch nicht vollständig ausgeschlossen werden. Eine Garantie für die Richtigkeit der Angaben kann daher nicht gegeben werden. Eine Haftung für Schäden und Unfälle wird aus keinem Rechtsgrund übernommen.

Hinweis: Die Autorin und der Verlag sind nicht verantwortlich für die Inhalte von im Buch genannten Websites und Links.

Impressum

Bibliografische Information der Deutschen Nationalbibliothek
Die Deutsche Nationalbibliothek verzeichnet diese Publikation in der Deutschen Nationalbibliografie; detaillierte bibliografische Daten sind im Internet über
http://dnb.d-nb.de abrufbar.

Das Werk einschließlich aller seiner Teile ist urheberrechtlich geschützt. Jede Verwertung außerhalb der engen Grenzen des Urheberrechtsgesetzes ist ohne Zustimmung des Verlages unzulässig und strafbar. Dies gilt insbesondere für Vervielfältigungen, Übersetzungen, Mikroverfilmungen und die Einspeicherung und Verarbeitung in elektronischen Systemen.

© 2008 Eugen Ulmer KG
Wollgrasweg 41, 70599 Stuttgart (Hohenheim)
E-Mail: info@ulmer.de
Internet: www.ulmer.de
Lektorat: Michaela Neff, Oliver Schwarz
Layout und Herstellung: Ulla Stammel
Satz und Umbruch: BUCHFLINK Rüdiger
    Wagner, Nördlingen
Umschlagentwurf: Atelier Reichert, Stuttgart
Reproduktionen: Typomedia, Ostfildern
Druck und Bindung: Firmengruppe APPL, aprinta
    druck, Wemding
Printed in Germany

ISBN 978-3-8001-5477-7

Stichwortregister

Absperrung 23
Aggressionen 12, 36, 40, 88
Artgerecht 6, 39
Äste 53, 74, 79
Ausbruchsicherheit 33
Ausguck 46, 56, 66, 68
Auslauf 6, 8, 19, 21, 22
Außengehege 22, 23
Außenhaltung 6, 27

Badezimmer 25
Balkon 8, 22, 24, 26
Baumstammtunnel 57
Baumstumpf 68
Belohnen 76, 87
Beton 34
Betonboden 34
Betonröhre 60, 62
Blähungen 25, 34
Bodenbeläge 11, 17, 19
Bodenfeuchtigkeit 36
Buddeln 23, 54, 81
Buddelkisten 33, 54, 55
Buddelschutz 33

Dämmerungsaktiv 20, 38
Doppelkäfig 14
Draht 14, 22, 33

Ebenen 50
Eckhäuser 48
Eierkarton 74
Einrichtung 15, 41, 50,
Einstreu 16, 17
Erkältungen 30
Essigwasser 11
Etage 14, 19, 48

Fachhandel 69, 78
Farbe 48, 64, 68
Feinde 33
Fell 16, 35
Felsenlandschaften 67
Fenster 23, 46
Fluchttiere 46, 88
Fliegengitter 23
Freilauf 20, 24
Frühkastration 39
Futter aufhängen 70, 76, 86
Futterball 67, 72
Futterbox 75
Futterecken 77

Futterplatz 49
Futterspieße 77

Garten 22, 35, 68
Gartenhütte 31
Gartenteich 35
Gefahren 24, 26
Gehege 6, 31, 32
Gehegeformen 31
Gemüse 15, 70, 72, 75, 77
Geschlecht 33
Geschlechtsreife 12, 39
Gesundheitszustand 27, 50
Gehwegplatte 40
Giftig 25, 30
Gitterelemente 21, 22
Golliwoog 69
Gras, frisches 15, 17, 27
Grasball 73
Grundausstattung 14, 46
Grünfutter 34
Gruppe 36, 40, 45
Greifvogel 24, 32
Greifvogeleffekt 13, 49

Haltung, käfigfreie 24
Haustiere, andere 26

Häuschen 30, 46, 49
Hängematte 52
Häuser, selbst gebaute 48
Heu 17
Heuballen 62
Heuraufe 14, 62, 64, 65, 72, 73
Heukissen 65
Heukörbchen 65
Heuraufe aus Geschenkpapierrollen 65
Heuraufen aus Holz 64
Heuraufen aus Metall 62
Hierarchie 44, 45
Hindernisse 21, 87
Hitze 34
Hitzschlag 34
Holz 19, 46, 53, 64, 79
Holzbretter 25
Holzkäfig 14
Holzspielzeug 79
Höhlen 51, 56
Hunde 27

Infektionskrankheiten 30
Innenhaltung 6, 8
Isolierung 27, 30

Kabel 23, 24
Kabelschächte 24
Kanalrohre 61, 62
Kaninchenklo 11, 13
Kaninchenzimmer 10, 23, 25
Kaninhop 87, 88, 89
Kastration 12, 17, 39, 40
Katzen 4, 26
Käfig 12, 14
Kälte 27, 32, 34
Klappdach 32
Klopapierrolle 73, 74
Klopfen 10, 20
Knabbern 25, 78
Knabberschutz 23
Kombination 36, 39
Kommunikation 36, 39
Komposthaufen 31
Kontakt 33, 39, 82, 86
Korkrindenplatte 80
Körbchen, Katzen- oder Hunde 52
Krankheiten 31, 35, 40
Kratzbaum 67
Kratztonne 67
Kräuter 17, 68, 77
Kuschelbett 19, 52
Kuschelröhre 50, 67
Küche 9, 25

Lebensrhythmus 38
Leckerli 70, 72, 83, 86
Leckerlibaum 23, 77
Locken 4
Luftzirkulation 30, 46
Lüftungsschlitz 30

Marder 33
Markieren 12
Maschendraht 22
Männchen 39, 45, 55
Meerschweinchen 36, 38

Menschen 27, 88
Mindestmaß 40
Möbel 23, 25
Möhrenhalter 77, 78

Nagen 13, 20
Nagerteppich 79
Napf 11, 14
Naturkordel 65, 61, 80
Nässe 31, 32
Nippeltränken 10
Netze 21, 23

Obst 15, 70
Obstnetze 35

Pappkarton 41, 49
Parasiten 11, 35
Pflanzen 23, 25, 34, 68, 69
Pflanzringe 56
Plastik 13
Plastikhäuser 46
Plastikflasche 76
Plastikröhren 61
Platzangebot 8
Plexiglas 25, 31
Pyramidengehege 32

Quarantänezeit 46

Rammler 12, 39, 40
Rampen 53
Rangkämpfe 39
Rangordnung 45
Rascheltunnel 57, 60
Rasengittersteine 34
Regalsysteme 19
Regen 27, 30, 34, 35
Regenschutz 35
Regenwasser 31
Reinigung 10, 11, 13, 19, 30
Revierverhalten 12, 39, 40
Ruhephasen 38
Rückzugsmöglichkeit 13, 41
Röhre 48, 61

Scharren 10, 13
Schatten 30, 49
Scheinträchtigkeit 38, 40
Schlafplatz 23, 62
Schuhkarton 50, 61
Schutz 25, 31
Schutzhütte 27, 30
Sicherheitsvorkehrungen 24
Snackball 72
Sockenraufe 64
Sonne 31
Sonnensegel 50
Sommer 30
Sozialverhalten 30
Sperrholz 46
Spieltrieb 73
Spielzeug 79
Springen 21, 88, 89
Ställe, selbstgebaut 20
Steine 56
Steinhäuser 49
Steinraufen 64, 68

Stubenreinheit 11, 17
Streu 16, 17, 19
Stress 38, 88
Stroh 17, 23

Tannenzapfen 74, 75
Teichwannen 55
Temperatur 23, 30, 39
Teppich 18, 61
Teppichboden-Rollen 61
Transportbox 49
Treppe 53
Tunnel 56, 57, 61
Toilette 11, 17
Topfpflanzen 25

Umsiedeln 27
Umsetzung 27
Umweltbedingungen 27
Unterschlupf 41, 50
Urin 11, 12, 17, 25

Verantwortung 9
Verdauungsproblemen 27
Vergesellschaftung 39, 40, 44
Verhaltensstörungen 8, 13
Verhaltensweisen 12, 27, 36, 39
Verletzungen 35
Verstecke 41, 83
Vertrauen 6, 10, 45
Vitamine 17
Volierendraht 22, 33

Wanne 12
Weibchen 12, 58, 39, 40
Weidenbälle 73
Weidenbrücke 53, 54, 65
Weidenringe 73
Wigwam 52
Windgeschützter Bereich 32
Winkel 14, 22, 53, 67
Winter 27, 30, 31
Winterfell 27, 30
Wohnzimmer 10, 25
Wurzelgemüse 30

Ytong 62, 64

Zahm 6, 86
Zahnabrieb 17, 54, 81
Zimmerpflanzen 69
Zugluft 18, 23, 34
Zutraulichkeit 10
Züchter 40, 88
Zweige 34, 68, 74, 79
Zwischenbrett 13, 14